一本书读懂
NFT

王鹏飞　徐　全　张利英　著

THE
NFT
GUIDEBOOK

数字藏品时代的变革、机遇和实践

机械工业出版社
CHINA MACHINE PRESS

图书在版编目（CIP）数据

一本书读懂 NFT：数字藏品时代的变革、机遇和实践 / 王鹏飞，徐全，张利英著 . 一北京：机械工业出版社，2023.1
ISBN 978-7-111-72158-1

I.①一… II.①王… ②徐… ③张… III.①互联网络 – 普及读物 IV.① TP393.4-49

中国版本图书馆 CIP 数据核字（2022）第 231881 号

一本书读懂 NFT：数字藏品时代的变革、机遇和实践

出版发行：机械工业出版社（北京市西城区百万庄大街 22 号　邮政编码：100037）
策划编辑：张　楠
责任编辑：张　楠
责任校对：龚思文　　张　薇
责编印制：常天培
印　　刷：北京铭成印刷有限公司
版　　次：2023 年 3 月第 1 版第 1 次印刷
开　　本：147mm×210mm　1/32
印　　张：7.5
书　　号：ISBN 978-7-111-72158-1
定　　价：59.00 元

客服电话：（010）88361066　68326294

自序一

紧抓 NFT 风口，把握数字藏品商机

2021 年，NFT 在国外大火，加密艺术家比普尔（Beeple）的 NFT 作品《每一天：最初的 5000 天》，拍出 6935 万美元的天价；某明星斥资购买 NFT 头像的新闻也一度成为大家关注的热点话题。

此时的我，也正在苦苦思索，如何做出一款区块链的"杀手级"应用。

作为一名移动互联网行业的连续创业者，我取得了一些大大小小的成绩。目前，我步入区块链领域已有 5 年，一直在进行区块链底层技术与溯源、存证类应用的创业。区块链什么时候能取得跨越式发展？什么时候能更好地与实践融合？什么时候能全面落地？我一直都期待着这一天的到来。

我和团队在区块链领域深耕多年，且拥有丰富的社群运营经验。NFT 的出现，给我带来了惊喜。它不仅是区块链

和数字艺术品等数字资产的实践结合，还是进入元宇宙的金钥匙。我们从中看到了一个前所未有的好时机。我想，我们就做中国的 NFT，开发数字藏品。而后，我联合了身边从事互联网、文化版权、电子商务相关工作的朋友，经过一系列的紧张筹备，数藏中国就这样创立了。

数藏中国一路高歌猛进，相继与新华社、人民日报、环球时报等知名媒体合作，联合打造了颇有影响力的数字藏品。数藏中国推出的徐悲鸿书画、唐宫夜宴、龙门金刚、国家文化公园主题等知名 IP 数字藏品，更是在短短几秒内售罄。值得一提的是，最近在链新传媒推出的"数字藏品每周热榜"中，数藏中国几乎每期都名列前五。

不仅如此，数藏中国还赋能实体经济，促进品牌营销，与厦门航空、元气森林、I DO 等知名品牌，联合发行数字藏品，为品牌宣传起到了很好的效果。更重要的是，数藏中国还探索出了 IP 崛起的新模式，为引领数字藏品行业发展做出了积极的贡献。

尽管我国的数字藏品市场与国外的 NFT 市场有很大的不同，但是我仍然对国内数字藏品的发展持乐观的态度。数字藏品的火爆，绝不单纯是炒作，也不只是一个头像那么简单，而是有内在价值支撑的。

那么，国内的数字藏品为什么会火爆？数字藏品到底有什么价值？我主要从两大方面来阐述。

人们对元宇宙和数字藏品充满想象

国内数字藏品的迅猛发展，一方面确实得益于国外造富效应的传导；另一方面则是大家对元宇宙充满想象，也对数字藏品满怀期待。

在元宇宙中，用户可以拥有自己的数字资产，无论是虚拟土地还是游戏装备，都可以归用户支配。在未来的日子里，人们可能在虚拟世界里投入更多时间，虚拟世界里的资产也可能超过现实中的资产，这会是一种大的发展趋势。

数字藏品引发行业变革，带来新商机

在国内数字藏品的发展历程中，最先掀起浪潮的是艺术品领域。但其实数字藏品影响的领域不只如此，像音乐、游戏、体育、旅游等行业都会产生变革和新的商机。更重要的是，数字藏品还有赋能实体、促进营销、盘活线下消费的重大价值。

数字藏品可以和乡村振兴战略相结合，宣传美丽乡村，促进农产品销售，吸引外来投资；也能与景区、演唱会捆绑，以门票、实体产品附带数字藏品的形式，促进线下消费。当然，我们最常见的就是品牌营销了，比如奥利奥、奈雪的茶、LV、蒙牛等，利用数字藏品营销，宣传了品牌，拓展了用户群体，还提升了产品销量。

另外，数字藏品还可能引发新的商业模式变革，用来打造超级IP。之前一个IP的崛起，可能会用5年、10年，而今只需短短几个月。比如国外的无聊猿，以及我们推出的运动潮牌24K、宝贝狗、天马行空等项目都是在新模式下诞生的。

可能有人还会问数字藏品的现状如何，未来如何发展。下面我将简单谈谈我的看法。

前期发展迅速，但目前外热内冷

2021年起，我国的数字藏品发展势头非常迅猛，阿里、腾讯、百度等互联网企业陆续入局，纷纷建立了数字藏品平台，而其他企业也不甘落后，想在广大的市场中分得一杯羹。2022年上半年，国内的数字藏品平台从1月的100家左右，到7月迅速扩张为700多家，甚至接下来还会突破1000家。

因此，在前期，我国的数字藏品平台、IP及用户数量都在快速增长，各行各业都参与进来。但是不得不提的是，目前，到这个阶段，数字藏品平台看似十分活跃，行业关注度也很高，但用户转化率并不高，实际上是外热内冷。由此可见，用户对数字藏品的价值认同和购买热情还需要大大提升。

阿里、百度、京东等企业都在积极推广数字藏品。接下来，如果活跃用户数量从两三百万增长至两三千万，前期的浅度用户也转化为深度用户，数字藏品市场就会迎来比较大的转机。

"千藏大战"到来，行业迎来洗牌期

如果国内数字藏品的平台数量继续增长，很有可能会形成"千藏大战"的局面，同时行业洗牌期也会到来。这意味着虽然还有新的平台陆续入场，但是更多的平台可能面临转型或关闭，有些平台会主动或被动离场，也有些平台会处于停摆状态，不关闭也不更新。

数字藏品的发行量会增长，但两极分化严重，一部分藏品会继续火爆，另一部分藏品则无人理睬。当然，藏品的热度与IP、玩法、流转方式有很大关系。

"千藏大战"之后，可能会有两类平台存活下来：一类是综合性平台，另一类是垂直类平台。两类平台长期共存，是未来很有可能出现的局面。

面对这种情况，平台在 IP 端、流量端、流转端都要做出相应的战略调整。能否找到持续的优质流量、性价比更高的数字藏品是平台能否生存的关键。

以上是现阶段我对数字藏品的看法，如果大家想进一步了解更多内容，可以翻阅本书，从书中寻找答案。

最后，需要说明的是，发行数字藏品，坚持合规、自律，一直是我秉持的原则，而探索区块链、NFT 在国内的合规发展，也一直是我的梦想和责任。

王鹏飞

2022 年 11 月 31 日

自序二

用数字藏品打开品牌营销新思路

2021年，数字藏品在国内大火，各大品牌也将其作为营销手段，纷纷与品牌宣传和产品销售关联起来。

我常年在IP打造和品牌营销领域耕耘，自然而然地接触到了数字藏品，而后也指导多家知名企业制作、发行数字藏品，并利用数字藏品做营销。

也正因为如此，才有了我和数藏中国创始人王鹏飞的相识。王鹏飞作为有多年经验的移动互联网及区块链创业者，在这个行业取得了很大的成就。如今，在数字藏品的浪潮下，他又创立了数藏中国，并带领它很快步入了第一梯队。

2022年5月底，数字藏品在国内的发展如火如荼，在一次和出版社的沟通中，出版社编辑提出让我们撰写一本关于数字藏品的书。

这时我顺理成章地想到了王鹏飞。为了使本书的内容更加丰富，我邀请他共同创作本书。于是，我、王鹏飞及张利英，马上成立了"数字藏品三人组"的创作团队。

现在想想，这真是一个绝妙的组合！王鹏飞在数字藏品领域有深入的实践，又了解国内外市场，而且始终活跃在探索NFT国内发展模式的第一线。我不仅参与多个数字藏品项目的制作、发行，同时本身在品牌营销领域深耕多年，对运用数字藏品营销有很深的见解。张利英一直对最新的商业趋势敏感，又喜欢做深入的调查研究。所以，在我们的共同努力下，这本书就这样面世了。

我们不仅想将本书打造成一本内容丰富的图书，而且将针对本书中的精华，打造一款数字藏品，赋予读者朋友们更多有趣的玩法和超值的权益。

数字藏品作为一个新事物，在国内的发展必然要经历一个漫长的过程，而与品牌营销的结合，让我们切实地看到了它的实际应用价值。接下来，我相信数字藏品在与品牌营销的结合上，还会发挥更大的作用。而我也会在这个领域里持续探索，力争做出更大的贡献。

在本书中，我们不仅用通俗易懂的语言介绍了NFT的基本常识，NFT与元宇宙、web 3.0的关系，还对国内外市场的发展状况做了详细的介绍与对比，同时还讲解了数字藏品的发行与评估模式。更重要的是，针对数字藏品在实践中的应用，尤其是在品牌营销领域的玩法，我们都提供了行之有效的策略和方法！

最后，我想说，图书创作的过程实属不易，由于时间仓促，且数字藏品的发展尚处于早期，一切还有很大的变数，因此，本书在内容上可能会存在一些瑕疵，还望读者朋友们能多多包涵。

徐全

2022 年 11 月 31 日

目　录

中 篇

NFT 时代来临，引发数字藏品商机

下 篇 |

探索与未来，数字藏品的营销新玩法

NFT

上篇

全球市场爆发，
NFT 悄然兴起

第 1 章

迎接元宇宙，全面了解 NFT

本质：不是虚拟货币，而是智能合约

2021 年，NFT 大火。但关于什么是 NFT，估计很多人都说不清楚。

NFT 是 "Non-Fungible Token" 的缩写，译为 "非同质化代币"。

2021 年 3 月，美国艺术家比普尔的 NFT 作品《每一天：最初的 5000 天》在佳士得拍卖行以 6935 万美元成交。同年 6 月，CryptoPunk#7523 作品被拍出 1180 万美元的高价，创下了同类作品的单个拍卖纪录。

这一系列新闻，很容易让人们将 NFT 理解为带有炒作性质的虚拟货币。

这些 NFT 作品大多与数字艺术品相关。于是有人认为，NFT 就是一幅画、一个头像，或者一段视频……

那么，NFT 到底是什么呢？相信很多人都有这样的疑问。

NFT 是区块链上的一种智能合约

要想理解这句话，需要先明白两个概念：一是区块链，二是智能合约。

区块链是由一系列区块组成的链条，每个区块上都存储了一定的信息，且按时间排序。由于区块链分散存储在各个参与者的电脑里，而不是由中心服务器或机构控制，因此，区块链是公开透明且难以篡改的。

智能合约是以代码的形式，部署在区块链上的一种协议，之所以说它智能，是因为一旦条件得到满足，它便可以自动执行，且永远不能被更改。

由此看来，NFT 是以区块链为底层技术，部署在链上的一种智能合约，或者说合同。加密艺术家比普尔把图像铸造成 NFT 作品时，其实就是在填一个合同。这个合同会记录铸造时间、所有者、定价及收益，等等。

NFT 是一个令牌、凭证或通证

我们再来看"Non-Fungible Token"，其中的"Token"在计算机语言里是令牌的意思。

NFT 也是一个令牌、凭证或通证。前面已经说过，NFT 是部署在区块链上的一种智能合约，本身具有自动执行的权限，因此，区块链识别了这个令牌后，就允许它对相应的数字资产进行转移或交易，并加以记录。

就像前面提到的加密艺术家比普尔的 NFT 作品，如果有人想购买这个作品，当他给出的条件符合要求时，这个智能合约就会自动执行，资金产生的变动也都在区块链上有所记录。

所以，将 NFT 视为存储在区块链上的数字资产通证，也同样讲得通。当然，我们也可以将 NFT 看作智能合约与数字资产通证的结合体。

NFT 具有唯一性、独特性

接下来我们讲一下"Non-Fungible"的含义。与同质化（Fungible）相对，Non-Fungible 意为非同质化，它是智能合约定义下的一个概念，意味着唯一性、独特性。因此

NFT 在属性上更像是资产，这是在智能合约代码中早就规定好的。

NFT 的独特性，正是被大家所看重的。因此，NFT 作品可以很容易地和普通数字作品区分开。

数字作品目前存在一些问题。比如，一位插画师辛辛苦苦创作了一幅作品，并将其发到了社交平台上，为了避免被人复制，特意打上了水印。可是总有人会去掉水印，然后再次发到社交平台上。随着下载复制的次数越来越多，这个作品的独特性也消失了。

如今，NFT 可以帮助这些数字作品保持独特性。因为一旦这个作品被铸造成 NFT，它的发布时间及其他相关信息都会在平台上显示。如果后来者发布的时间晚于它，就会被判定为抄袭，而且不管这个作品流转了多少次，人们都知道它的创作者是谁。

综上所述，NFT 本质上是一种智能合约，在数字世界中也是标示资产独特性的通证。由此看来,NFT 与其被称为"非同质化代币"，倒不如被称为"非同质化通证"。

在 2022 年 4 月中国互联网金融协会、中国银行业协会、中国证券业协会发布的《关于防范 NFT 相关金融风险的倡议》中，就将 NFT 称为"非同质化通证"。而 NFT 所指代的数字作品或资产，也被称作 NFT 数字作品或 NFT 数字藏品，简称"数字藏品"（见图 1-1）。也就是说，数字藏品其实是数字作品或资产和区块链结合的产物。

数字作品或资产 ＋ **区块链** ＝ **数字藏品**
图像、视频、音频、文本等数据　智能合约标示主权和唯一性　数字权益通证

图 1-1　构成数字藏品的两大元素

发展史：从无人问津到万众瞩目

现在我们了解了 NFT 在数字世界中是独一无二的资产凭证，本质上是一种智能合约，也就是合同。那么，NFT 又是如何兴起的呢？通过了解它的发展史，我们能对其有一个更清晰、更全面的认知。

1992 年：NFT 概念雏形诞生

1992 年，一个叫密码朋克的组织成立，汇集了密码学家、黑客、程序员等极客高手。其中的很多人都对后来的互联网发展有着举足轻重的影响力。哈尔·芬尼（Hal Finney）作为比特币和加密领域的先驱，率先提出了"加密交易卡"的概念。他在一封写给这个组织成员的邮件中阐述道："用单

向函数和数字签名混合随机排列一组卡片，每个卡片就会得到一串唯一的密码。"没想到，这种加密交易卡备受密码爱好者们的欢迎。这种加密交易卡，也就是NFT的前身，是NFT概念的雏形。

2012年：染色币出现

2012年，在加密货币圈中，有人提出了染色币的概念，其主要用来创建、标记所有权，并对比特币之外的外部资产和现实资产交易进行记录。

染色币，也就是染色的比特币，它是由小面额的比特币组成的，可以小到比特币的最小单位，即聪。染色币也可以代表多种资产，如优惠券、访问许可证、数字藏品，等等。可以说，染色币概念的提出，为NFT的形成奠定了基础。

在发行染色币的过程中，资产会在区块链上产生记录，并生成相应的资产ID。染色币发行后，这个资产还可以进行交易。不难理解，染色币的出现，让人们看到了资产与区块链技术结合的巨大潜力。

2014年：Counterparty平台成立

2014年，由罗伯特·德尔莫迪（Robert Dermody）等人创建的点对点金融平台 Counterparty 诞生。Counterparty 支持资产创建，同时具有去中心化交易所，允许任何人编写智能合约，还拥有卡牌游戏和模因（meme）交易等项目和资产。

模因常被用来形容高度流行的文化。表情包、图片、流行语、视频等，在网络上掀起病毒式传播浪潮的内容，都属于模因。真正推动 NFT 发展的是一个叫稀有佩佩的青蛙形象作为 NFT 作品发布。稀有佩佩的流行，让平台意识到用户想在虚拟世界中拥有自己独特的数字资产，所以，后来 Counterparty 平台创建了越来越多的用户可拥有独特资产的项目。

2017 年：加密朋克诞生

2017 年年初，约翰和马特，两个原本做 App 开发的人做了一个像素生成器，并生成了一系列酷炫的像素角色头像。当时，他们注意到了发展火爆的区块链及以太坊，于是就将这些头像放到了区块链上，并且允许他人拥有或转赠。

但是由于区块链上流行 ERC20 标准，这种同质化的智能合约并不符合他们的需求，于是他们根据 ERC20 标准进行了一系列调整。最后，这些充满朋克精神的像素角色头像才出现在了以太坊上。

加密朋克的像素角色头像作为第一个真正意义上的 NFT 作品，以图像作为数字资产被引入加密货币领域，约翰和马特的这种创举给同行带来了新思考。

2021 年：正式爆发

2018~2019 年，NFT 生态大规模发展，上百个项目陆续出现。在 OpenSea[⊖] 和 SuperRare 两大交易市场的刺激下，交易也更加便利。

2020 年，NFT 的应用从艺术品、游戏，逐渐扩展到了音乐领域。随着 NFT 与 DeFi（去中心化金融）结合，GameFi（区块链游戏）大力发展，NFT 迎来了它的春天。

2021 年，加密艺术家比普尔的 NFT 作品《每一天：最初的 5000 天》，以 6935 万美元的价格在英国拍卖平台佳士得上售出。这个作品是他从 2007 年开始每天创作的作品的马赛克集合。这个事件引起了广泛关注。之后，众多名人在各种

⊖ OpenSea 是全球最大的 NFT 发行交易平台，拥有加密艺术品、游戏产品、虚拟土地等多种丰富的 NFT 商品。OpenSea 的入驻门槛较低，允许个人用户自行创建、交易 NFT 作品，同时拥有固定价格出售、最高出价等交易模式。目前，OpenSea 支持 241 种加密货币交易，每次交易时抽取交易额的 2.5% 作为服务费，而且创作者可以在 0 ～ 10% 的范围灵活设置版税。像加密朋克、加密猫等项目，都是在 OpenSea 上发行的。

NFT 平台上发布了作品，由此，NFT 的发展和交易被推向了高潮。

综上所述，NFT 从概念雏形出现到全面发展经历了近30年。透过这漫长的发展历程，我们更加清晰地了解到，NFT 作品或数字藏品，其实是基于区块链技术，尤其是在非同质化通证的 ERC721 标准下，打造的独一无二的数字资产。

关键特征：独一无二与不可分割

现在大家已经知道 NFT 是以区块链为底层技术的，因此除了自身的个性特征之外，必然也拥有区块链技术的普遍特性，那么具体都有哪些呢？

独一无二

传统的数字作品，尤其是图片可以随意被复制、下载，NFT 则利用区块链技术，给予每个数字作品独特的身份标识。在非同质化 ERC721 标准或 ERC1155 标准下，创作者可以自己决定某个 NFT 作品的发行数量并对其进行编号，而且无论是交易还是转移，每个环节都会被完整地记录在区块链上。

在 ERC721 标准下发行的 NFT 作品都是独一无二的，像前面提到的加密朋克头像，就是以 ERC721 标准发行的。在 ERC1155 标准下，可以一次性发行多个同类型的 NFT 作品。一张唱片如果发行 1000 份，则可以用 ERC1155 标准，因为份数有限，所以这些作品也是具备稀缺性的。

不可分割

NFT 背后的作品，某种程度上更像是数字资产，每一个最小单位都是一个整体。与同质化代币（FT）不同，NFT 作品作为资产是不可分割的。

就像在现实生活中，大部分资产都是不可分割的，哪怕是一张电影票，都会有相应的电影名字、日期、场次和座位号，而且每张票都是不可分割的独特存在。同质化代币与非同质化代币对比如表 1-1 所示。

表 1-1 同质化代币与非同质化代币对比

同质化代币	非同质化代币
锚定同质化资产	锚定不同的资产
同种 FT 具有统一性	NFT 各有不同
可与同种 FT 互换且不影响价值	独一无二、不可互换
可拆分为更小单元	不可拆分

公开透明

就像前面说的，NFT 在区块链上的每个环节的每个动作，都是被完整记录的，而且数据都公开存储于各个节点上。因此，每一个 NFT 所包含的信息，对可访问的用户来说都是公开透明的。

不可篡改

区块链使用分布式存储技术，没有中心化服务器控制，存储的数据是不可篡改的。要想修改区块链上的信息，就要取得 50% 以上的节点同意，同时还要修改所有节点中的信息，但是这些节点又属于不同的主体。因此，篡改存储在区块链上的 NFT 数据，是几乎不可能的。

可溯源性

存储在区块链上的 NFT 信息，不仅不可篡改，而且可以溯源。这些 NFT 从创建到转移，每一个环节都被记录在区块链上，可以轻松被验证。NFT 还具备可溯源性，即可对数字资产的变化和交易活动进行追踪。这点对于 NFT 的持有者和潜在用户来说，都非常重要。

可流动性

由于 NFT 是去中心化的，既不需要中央发行人，也不受第三方干预，因此在流通上更为便利。根据智能合约的相关权利，用户可以对自己的资产进行转移和交易。

每款传统游戏中的资产是互不相通的。但是在 NFT 游戏中，用户在一款游戏中的资产，完全可以携带到另一款游戏里，这些资产可以在多款游戏中使用。另外，除了在虚拟世界里对数字资产进行转移，用户还可以将其转赠。

交易功能更是大大促进了数字资产，尤其是文创产品的流通。一般的艺术品都是通过画廊或拍卖行出售，相对来说地域性比较强，在流通上有一定的局限性。但是数字藏品可以面对全球市场公开出售，而且在交易上更加透明可信，手续费更低。

总之，NFT 的出现，为区块链技术的发展开辟了新天地。正是基于以上特性，NFT 才能更好地与实践相结合，并在各大领域中展开应用。正是因为它的不可篡改与可溯源性，才有可能减少盗版和仿品的出现；正是因为它的可流动性，才使数字资产在虚拟世界里安全地自动转移成为现实。

相信凭借 NFT 技术，未来人们会开发出更多"NFT+ 产业"的新模式。

核心价值：数字资产确权

NFT的特征解决了数字内容的一个核心难题，那就是确权。

那么，什么是确权呢？

确权就是确定权利，即对某一资产的所有权、使用权及其他权利的确认。如果一个人买了房子，就会有一张房产证确认和保障他的权利；如果一位作家出版了一本书，他就会和出版社签订著作权的归属协议；如果一个人申请了专利，他就会得到一张专利证书，发生专利纠纷时能以此作为证明。以上说的这些都属于确权行为。

可能有人会问，既然我们一直有办法解决确权问题，为什么还要强调NFT确权呢？NFT确权又有什么不同呢？

房产证、著作权归属协议以及专利证书，某种程度上解决了现实中的确权问题，但是在虚拟世界中，数字资产的确权，尤其是知识产权的确权一直是很大的难题。

就像网络上很多图片、音乐及视频我们很容易复制、下载一样，即使有些创作者或平台为了保障自身权益，对作品采取相应方式确权，也只不过是加水印或设置为禁止复制。但是这些方法并不能从根本上解决问题，毕竟去水印和提取文字都很容易实现。

那么现实中就没有对数字资产有效的确权方法了吗？

有，只不过成本实在太高了。比如我画了一幅画，为了确权可能会花 1000 元，这还不包括我付出的时间和精力，而这幅画最终只卖了 200 元，得不偿失。

鉴于 NFT 具有独一无二、不可篡改等特性，数字资产确权的难题会迎刃而解。

一是 NFT 确权方便有效

用户只需在相应平台上完成 NFT 铸造[⊖]即可。简单来说，就是将自己的作品上传到平台上，然后根据相应指示，完成填写合约、设定收益等步骤，之后会获得唯一的编号。

二是 NFT 确权成本很低

目前国外平台有免费铸造和付费铸造的形式，国内平台铸造价格也较低，有的平台铸造一个作品平均只需几十元。所以，如果有某些数字作品或资产需要确权，可以利用 NFT 实现。

有人可能会产生疑问：为什么是数字作品或资产的确权，

⊖　在区块链上创建 NFT 的过程，被称为铸造。具体是指将 NFT 的相关信息写入元数据中，也就是在区块链上产生 NFT 程序的过程。

实体资产不行吗？

其实，NFT 确权不仅可以应用在艺术、收藏和游戏等数字领域，同样适用于实体资产。比如一座房子、一瓶红酒、一件宝物，都可以用 NFT 来确权。只不过，实体资产的情况更为复杂。有些人为了确保 NFT 艺术品的唯一性，会特意将实物毁坏。比如，2021 年 3 月，某区块链公司在将用 9.5 万美元购买的班克西的画作《傻子》制作成 NFT 艺术品后烧毁，这样数字藏品《傻子》便是独一无二的。

无独有偶，同样是在 2021 年 3 月，北京开展的第一场 NFT 艺术品拍卖现场，由画家冷军创作的数字藏品《新竹》在实体画作销毁后售出，从而真正保证了数字藏品的独一无二。

当然，将实体艺术品在铸造成数字藏品后销毁的行为在业内也颇受争议，从某种程度上来说，这更多是为了博取眼球的营销行为。

除了数字资产和实体资产，一段有意义的经历也可以用 NFT 确权。

比如你在读大学的时候和导师一起做了某些有影响力的项目；你在工作中取得了某些创造性的成果，参加了一些重大活动；一些重要的人对你有什么良好评价，这些都可以用

NFT来确权。或许未来有一天，在求职市场上，招聘官可以通过NFT确权后的丰富而真实的信息匹配人才。

在近两年大火的元宇宙中，如何确认你的数字身份呢？

这恐怕也会用到NFT的确权功能。在元宇宙中，你可以根据自己的喜好更换发型、服装，甚至样貌。那如何确定元宇宙中的那个人就是你呢？这时就需要用到NFT合约，让元宇宙中的形象对应现实中的你，而这正是你进出元宇宙的身份通行证。

总之，不管是在现实生活中还是在虚拟世界里，NFT的确权功能能为我们解决很多难题，它方便有效、成本较低，迟早有一天会普及。

技术关联：NFT与元宇宙、web 3.0

我们前面提到了元宇宙，那么元宇宙与NFT有什么关系呢？

2021年，脸书（Facebook）创始人扎克伯格宣布公司将更名为Meta，并声称将用5年时间打造一家元宇宙公司。短时间内，元宇宙概念大火。伴随着元宇宙的走红，在2021年年末，web 3.0也成为全球热词，到了2022年，更是引发了极大的资本热情。

有人认为，元宇宙就是下一代互联网，即 web 3.0；也有人认为，元宇宙和 web 3.0 之间存在巨大的差异。那么元宇宙和 web 3.0 到底有什么不同？它们和 NFT 有什么联系？下面我们就一一来进行介绍。

元宇宙：未来的虚拟世界

元宇宙的概念来自尼尔·斯蒂芬森的科幻小说《雪崩》。在书里，他描述了一个庞大的虚拟世界，现实中的人可以通过各自的化身在其中进行交流和娱乐。

后来，元宇宙的概念又相继出现在《黑客帝国》《头号玩家》《西部世界》等影视作品中，不过在这个阶段，人们更多地认为元宇宙只是一个与现实平行的虚拟世界。

到了 2021 年，伴随着游戏公司罗布乐思（Roblox）上市，再加上新冠疫情影响和互联网技术的进一步发展，元宇宙成为热点。

不过，关于元宇宙的定义，无论是媒体、专家还是研究机构都有自己的解读，迄今为止还未有统一定论。

罗布乐思的 CEO 戴夫·巴斯祖奇（Dave Baszucki）说："元宇宙是一个将所有人相互关联起来的 3D 虚拟世界，人们在元宇宙中拥有自己的数字身份，可以在这个世界里尽情互动，并创造任何他们想要的东西。"

著名分析师马修·鲍尔（Matthew Ball）则认为："元宇宙不等同于'虚拟空间''虚拟经济'，也不仅仅是一种游戏或用户原创内容平台。在元宇宙里将有一个始终在线的实时世界，无限的人可以同时参与其中。它将有完整运行的经济，跨越实体和数字世界。"

而在埃匹克娱乐公司（Epic Games）CEO 蒂姆·斯维尼（Tim Sweeney）的眼里，元宇宙将是一种前所未有的大规模参与式媒介，带有公平的经济系统，所有创作者都可以参与、赚钱并获得奖励。元宇宙不是一家公司能够完成的，同时，社会也不会允许元宇宙被一家公司垄断，就像互联网不可能被任何一家公司垄断一样。

总体来看，元宇宙属于一个具备完整经济系统且一直运行的去中心化虚拟世界，人们能在里面开展社交、娱乐、创造、交易等各种社会活动。简单来说，元宇宙拥有沉浸式体验、开放性创造、安全的经济系统和丰富多元的社交属性。

另外，从技术层面来讲，元宇宙不仅建立在信息革命（5G/6G）、互联网革命（web 3.0）的基础上，还涉及人工智能（AI）、虚拟现实（VR）、增强现实（AR）、混合现实（MR）等技术。元宇宙具体涉猎六大核心技术：区块链技术、交互技术、电子游戏技术、人工智能技术、网络及运算技术和物联网技术。

web 3.0，下一代互联网

web 3.0 是相对于 web 1.0、web 2.0 的概念，是指第三代互联网。下面我们来回顾一下从 web 1.0 到 web 3.0 的过程。

（1）web 1.0：只读时代。

1991 年，web 1.0，也就是第一代互联网诞生，当时蒂姆·伯纳斯－李（Tim Berners-Lee）设计互联网的初衷就是共享和交换信息，因此这个阶段的互联网就是一个信息展示平台，是人们了解世界的窗口。随着网景、雅虎、新浪等浏览器和信息门户网站出现，人们获取信息的方式发生了翻天覆地的变化。从 1991 年到 2004 年，互联网从简陋的纯文字形式逐渐变成图文甚至视频形式，但是用户以接收信息为主，并不能参与创造。所以我们将此阶段，称为"只读时代"。

（2）web 2.0：交互时代。

2004 年年末，O'Reilly 传媒的创始人蒂姆·奥莱利（Tim O'Reilly），提出了 web 2.0 的概念。他认为，web 2.0 是以用户为中心，并允许用户创建内容，通过社交媒体进行交互和协作。因此，web 2.0 以交互性为特点，用户不再单纯地接收网站投放的信息，而是可以生产内容并和其他用户进行互动，这意味着自媒体社交时代的到来。

脸书、推特等社交网站，YouTube、Tiktok 等视频社区，维基百科等知识社区，都是在用户创建内容的模式下蓬勃发展起来的，它们成为人们生活中不可缺少的一部分。

（3）web 3.0：去中心化时代。

web 3.0 是在 2014 年，由以太坊联合创始人加文·伍德（Gavin Wood）提出的。他发现，在 web 2.0 环境下，互联网几乎由各大中心化公司掌控，用户基本无隐私可言。比如，我们在脸书上产生的个人数据，其实并不属于自己，而是由这个平台控制的。平台受到攻击后，用户隐私泄露、数据被滥用的情况时有发生。假如有一天脸书倒闭了，我们的社交账号将被关停，过去所发的动态也会消失。

web 3.0 是去中心化的，以区块链技术为支撑，用户可以自己发布、保管自己的数据信息，无须中间机构参与，数据也不会被泄露。也就是说，我们会有一个去中心化的通用数字身份，拥有自己的密钥存储器，在任何网站上的登录时间、存储数据、搜索记录等，都不再被这些公司记录和保管。而我们所用的浏览器，就是个人数据库，如果在网上转账，也无须向第三方证明身份。同时，web 3.0 在 web 2.0 交互、共享的基础上也更加智能。

以下是 web 1.0、web 2.0、web 3.0 的关键信息，可以了解一下（见表1-2）。

表 1-2　web 1.0 至 web 3.0 的关键信息

阶段	时间段	提出者	特点	代表公司或应用	核心技术
web 1.0	1991～2004	蒂姆·伯纳斯-李	信息交换和展示门户	网景、雅虎、新浪	数据存储、处理和传输
web 2.0	2004年至今	蒂姆·奥莱利	内容创造与交互平台	谷歌、脸书、推特	大数据、云计算
web 3.0		加文·伍德	由用户自主创造和掌控的环境	比特币、以太坊、NFT	区块链、人工智能、边缘计算

注：目前处于 web 2.0 向 web 3.0 过渡时期，web 3.0 尚未到来。

那么，元宇宙与 web 3.0 之间，到底是什么关系呢？两者又和区块链有什么关联？

区块链是元宇宙、web 3.0 的核心技术

web 3.0 和元宇宙都是去中心化的，在 web 3.0 中，这种以共识为管理原则的模式被称为"DAO"，也就是去中心化自治组织。

为了保证去中心化，就要以区块链技术为底层架构，从而使不可篡改、分布式记账和加密交易成为现实。

元宇宙是应用场景，web 3.0 是底层基础

元宇宙的本质就是一个不间断运行的、去中心化的虚拟社会系统，它的运行需要区块链、人工智能、边缘计算等底层技术的支撑，而上述这些技术成熟了才能迎来 web 3.0。因此，web 3.0 是元宇宙的底层基础，元宇宙则是 web 3.0 的应用场景。

简单来说，在元宇宙中，AR 和 VR 解决的是前端的需求，而 web 3.0 在后端提供技术支撑。元宇宙与 web 3.0 的关系如图 1-2 所示。

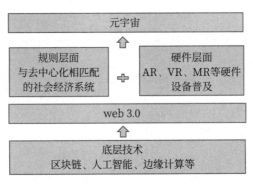

图 1-2　元宇宙与 web 3.0 的关系

web 3.0 可能离我们更近，会更快到来

从某种程度上来说，元宇宙目前还是一个比较超前的概念，它的发展注定要经历漫长的过程。毕竟，元宇宙的实现

是建立在软硬件共同成熟的基础之上的，需要多项技术的支撑。在这个过程中，只有分布式数据库、加密技术、边缘计算等底层技术成熟，才能迎来 web 3.0 时代，同时再加上 AR、VR、MR 等硬件设备的完善，以及相应的监管环境，最终才会形成理想中的元宇宙。

当然，web 3.0 作为支撑元宇宙发展的原动力，时至今日，在现实中已经有很多相关的应用了。因此，相比元宇宙，web 3.0 可能离我们更近，会更快到来。

由此看来，web 3.0 与元宇宙是相辅相成、共同发展的，只有互联网技术不断进步，web 3.0 与元宇宙时代才能在未来真正到来。

NFT 在元宇宙中的角色

前面了解了 web 3.0 与元宇宙的关系，那么，NFT 又在元宇宙的发展中扮演着什么角色呢？下面我们来逐一阐述。

NFT 可以解决元宇宙中的用户身份认证问题

我们知道，web 3.0 和元宇宙都倡导开放、去中心化，用户可以在这里尽情互动，无须第三方授权、认证。在这种情况下，NFT 的唯一性和可验证性就发挥了作用。

　　NFT 可以很好地解决用户身份认证的问题，在元宇宙中打造的个人 IP 对数字资产拥有充分的所有权，不用担心个人数据或资产被盗用。当第三方想调用或购买个人数据或资产时，也需要征得个人的同意，否则无权获取。

NFT 赋予用户在元宇宙中享有物品的所有权

　　元宇宙是沉浸式的虚拟世界，用户在其中会进行社交、游戏和交易等活动，而元宇宙中的物品，大到房子，小到衣服，只要是个人拥有的，都可以将其铸造成 NFT。

　　NFT 能为元宇宙中的数字资产确权，能赋予元宇宙中任何物品以价值和归属。通俗来讲，我在元宇宙中创造或购买的资产，经过 NFT 确权后，它就是属于我的，我可以对资产进行自由处置。

　　正是因为 NFT 能确权的属性，使其能更好地维持元宇宙的去中心化特性，实现稳定发展。因此，NFT 是构建元宇宙虚拟资产体系的基础。

NFT 促进元宇宙中的经济流通、价值流转

　　我们在前面提到，NFT 可能是元宇宙里确权的令牌（凭

证），不需要第三方机构就能实现资产的流通和交易。

NFT 可以实现虚拟物品的资产化，也就是价值的确认，从而促成资产流通和交易。比如，元宇宙中的土地、游戏装备、装饰等所有数字资产，都可以在 NFT 的证明下自由交易和流转。

元宇宙是去中心化的，不需要第三方登记机构，这与传统数字资产的交易模式有很大的不同。在元宇宙中，用户之间可以自由交易，这就大大提高了数字资产交易和流转的效率，从而保证了元宇宙中经济体系的正常运行。

可以说，NFT 推动了现有数字内容、社交关系资产化和创作者经济系统的实现，是元宇宙经济的基石。

NFT 使实体资产数字化，打通元宇宙与现实

元宇宙既是现实世界的映射，又是独立于现实世界的虚拟空间。在元宇宙中，现实世界里的所有物品，都可以映射到这个虚拟世界里。正是因为 NFT 的存在，现实世界的物品可以进行数字化、资产化。

元宇宙中的物品，都是经过 NFT 认证和确权的，而且社交、交易等一切活动的对象物品，背后都有 NFT。因此，NFT 是打通元宇宙与现实世界的工具，是人们进入元宇宙的

凭证，同时也使两个世界实现了连接。

元宇宙为 NFT 提供了丰富的应用场景

NFT 的应用涉及艺术品、音乐、视频和游戏等各大领域。而元宇宙的出现则为 NFT 的应用提供了广阔的场景。尤其是在游戏领域，目前的经济价值非常可观。

元宇宙中的衣食住行、娱乐、生产等都需要 NFT 确权，这种沉浸式的体验，让场景更具真实感，也大大提升了 NFT 的应用价值。

总之，NFT 和元宇宙之间是互相依存、共生共荣的，元宇宙能为用户提供丰富的场景和内容，而 NFT 可以为数字资产确权、锚定价值，构建真正意义上的数字经济体系，让元宇宙有效运转。

实践探索，紧跟潮流

当下，元宇宙、NFT 和 web 3.0，不仅成为互联网科技公司布局的热门赛道，同时也是各大品牌营销的重要发力点。

作为全球领先的运动品牌，耐克在 2021 年 11 月就加入了元宇宙的行列。它在罗布乐思游戏平台上，打造了一个名为"耐克乐园"（Nikeland）的元宇宙空间。在这里，用户可以参加粉丝见面会、促销活动以及开展社交活动。

据耐克介绍，在短短 5 个月内，就有 700 万名用户先后来访"耐克乐园"。在这个虚拟世界里，用户们可以见到部分体育明星，也可以选购独家的数字产品来打造自己的形象，这些形象还可以出现在罗布乐思定制的世界中。也就是说，这些佩戴耐克装饰的用户，无形中成了耐克的品牌宣传志愿者。

与此同时，每位用户还可以在这个元宇宙里拥有自己的个人空间，以展示自己的收藏品和个性装饰。

耐克的这个举动，引来了各界的关注，还巧妙地让消费者的心理需求在虚拟空间里得到满足，用户既可以购买喜欢的时尚单品，又能通过一些小游戏，比如 PK 和挑战活动等获得的高分来证明并展示自己。

在进军元宇宙后的一个月，耐克又开始布局 NFT 项目，并于 2021 年 12 月收购了 NFT 收藏品开发商 RTFKT 工作室。这个工作室曾创下 6 分钟出售 600 双 NFT 运动鞋的战绩，成交总额高达 310 万美元。

2022 年 4 月，耐克联手 RTFKT 工作室推出了 NFT 运动鞋，并命名为"RTFKT×Nike Dunk Genesis Cryptokicks"。

这款虚拟产品，是以耐克 Dunk Low 系列低帮运动鞋为原型，值得一提的是，用户可以通过收集皮肤瓶（Skin Vial）改变这款鞋的外观，利用创作者中心花样繁多的皮肤，定制、升级自己喜欢的产品。据说，持有者在未来也可以兑换实体鞋。

耐克十分明白，当下消费者，尤其是 Z 世代[⊖]人群，追捧个性化元素，而 NFT 所具备的独一无二的特性，正满足了这个需求。

⊖　Z 世代是 1995 ～ 2009 年出生的一代人，也指新时代人群。

第 2 章

国内与国外，发展模式大不同

NFT 与数字藏品是否等同

随着国外 NFT 市场的蓬勃发展，国内市场也不甘落后，2021 年 6 月，鲸探前身蚂蚁链粉丝粒，发行国内首套数字藏品"敦煌飞天"支付宝付款码皮肤，一时引发了各界的强烈关注。国内其他互联网巨头也纷纷紧随其后。不仅如此，多位明星也相继发行 NFT 作品。海底捞、伊利、奈雪的茶等品牌，也打造了各种数字藏品。无论是音乐、电影还是文创、旅游等领域，众多数字藏品如雨后春笋。

2022 年，国内 NFT 业务迎来爆发式增长，人们对 NFT 的关注度也很高。

那么，国内市场与国外市场又有哪些不同呢？为什么在我国是叫数字藏品而不是 NFT 呢？它们到底是不是一回事呢？

数字藏品是 NFT 在国内的一种改良

2021 年 6 月，阿里和敦煌美术研究所合作，发布了两款 NFT 皮肤，一经上市，就被抢购一空。

2021 年 9 月，一支 39 元的亚运会数字火炬，在售罄之后也被人挂在某拍卖平台，甚至有人愿意出四位数的价格购买。随后，这些被炒作的 NFT 作品被平台处理。为了避免歧义和误解，大多数企业都不再用 NFT 的字样，全部更名为数字藏品。

数字藏品是指有收藏价值的 NFT 作品，也是 NFT 技术的一种应用。更确切地说，数字藏品是 NFT 进入中国市场后，根据国内市场环境而做出的本地化改良。由于它率先在藏品领域打开了市场，所以被称为数字藏品。

2022 年 6 月 16 日，在人民网发布的文章《数字藏品＝NFT？有关联更有本质区别》中，特意对 NFT 和数字藏品做了区分。

"NFT作为一项区块链技术应用，金融化后容易与诈骗、炒作、洗钱等非法活动关联，引发连锁风险。……交易场所不得未经批准从事NFT交易。数字藏品是指使用区块链技术，对应特定的作品、艺术品生成的唯一数字凭证，在保护其数字版权的基础上，实现真实可信的数字化发行、购买、收藏和使用。"

也就是说，为了避免诈骗、炒作、洗钱等金融风险，我国特意与国外的NFT区别开来，将相关作品统称为数字藏品，并强调其购买、收藏和使用价值。

NFT与数字藏品都是有共同基础的

元宇宙里的所有物品都是数字资产或数字藏品，只不过元宇宙的到来还需要一个过程，而在逐渐落地的过程中，数字藏品率先得到了发展。

国内数字藏品平台的发展，基本都借鉴了国外NFT的发展逻辑，从整体来说，它们都是基于未来元宇宙的基础，而且都是非常有前景的。

数字藏品应避免一些红线

数字藏品在我国的发展还处于早期，各个平台对数字藏品都有自己的认识，但还是存在一些行业红线：一是发行数字藏品要注意版权问题，不能侵权盗版；二是防范数字藏品过度金融化炒作，避免出现对数字藏品漫天开价的乱象。

除此之外，人民网还肯定了数字藏品在确权、使用等方面对文化产业的重大意义，也看好其在赋能品牌 IP、提升品牌价值方面的前景。

一个新事物的出现，必然存在两面性，我们要善于利用其长处，将其价值发挥到最大。数字藏品是 NFT 在我国合规化的探索，我们最好将焦点放在它的实践应用上。

国外市场和国内市场有很大区别

国外市场：规模巨大、完全开放、头部效应显著

根据世链财经报道，2021 年下半年，NFT 市场迎来了爆发式增长，尤其是从 2021 年 8 月起，国外 NFT 市场的增速屡创新高。到了 2022 年，除了 3 月时市场增速略有减缓，其他时候，NFT 市场一直处于高光时刻。

截至 2022 年 4 月 10 日，NFT 市值高达 198.5 亿美元，相较于 2021 年 1 月 1 日的 6174 万美元，激增了 320 多倍。

需要说明的是，因为在国外 NFT 的二级市场是完全开放的，二级交易属于市场主力，占比高达 80% 以上。2021 年 1 月 1 日，NFT 的日交易额只有 27 万美元，而到了 2022 年年初，则出现了爆发式增长，尤其是在 1 月 18 日，交易额高达 10.4 亿美元。

由此看来，NFT 在国外的发展可谓是欣欣向荣，NFT 成了受人追捧的市场新星。

OpenSea 作为全球最大的 NFT 交易平台，是一个完全去中心化的交易所，功能齐全、操作简单，涵盖制作、上线、交易、管理等功能。不仅如此，OpenSea 上的产品也非常丰富，有艺术作品、游戏商品、虚拟土地和数字版权。

不过，虽然国外 NFT 市场蓬勃发展，但是从成交的项目来看，头部效应显著。其中，游戏轴无限（Axie Infinity）的累计成交额高居榜首，历史交易总额高达 40.53 亿美元。经统计，成交额前 10 名的项目瓜分了 27% 的市场份额。

其实这也不难理解，因为一个 NFT 作品是否受到追捧，跟它的项目本身有很大关系，项目创作者或团队的知名度高、营销能力强、手握稀缺资源，自然会受市场热捧。但是在这种情况下，除了头部项目，其他 NFT 作品的供应可能远远大于市场需求，供大于求将会是 NFT 市场长期存在的问题。

由于缺乏监管，国外NFT市场泡沫化问题十分严重。其中，最让人唏嘘的就是加密货币企业家西纳·埃斯塔维（Sina Estavi）曾以290万美元买下推特创始人杰克·多尔西（Jack Dorsey）的NFT推文，一年之后，他信心满满地想以高于4800万美元的价格出售，然而直到最后，收到的最高报价还不到290美元。

国内市场：增速惊人、合规监管、支持转赠

国内数字藏品市场也正以惊人的速度增长。据算力智库发布的数据显示，2021年全年，数字藏品平台如雨后春笋，有多达38家平台诞生；发行的数字藏品数量高达456万个，总发行市值约1.5亿元，藏品领域非常广泛，涉及非物质文化遗产、体育、影视、航天航空等多个领域。

据元飞船数藏舰不完全统计，截至2022年7月9日，国内数字藏品平台已达820家，从4月起，每月出现的平台就达百余家。

鲸探等大平台主攻收藏、确权功能，不支持二次交易，可以向他人转赠。比如，鲸探、百度超链等平台明确指出，"您至少持有该数字藏品180天后才可以转赠；其后每次藏品转移您应自受赠时起持有该数字藏品满1年后才能再次转赠"。

另外，需要注意的是，与国外庞大的用户群体相比，我国现有的数字藏品用户相对较少，约为300万人。虽然很多藏品一经上架就被抢光，但是随着平台数量和藏品数量爆发式增长，有些作品即使免费送，可能也很难较快售罄。

不可否认的是，不管是国外的NFT市场，还是国内的数字藏品市场，目前都处于早期，在技术和政策层面都有很多地方需要完善，目前存在一些问题都是在所难免的。相信在未来的发展过程中，二者都会找到适合的方向。

公链？联盟链？多方面都不同

在不同的市场环境和监管政策下，国外的NFT市场和国内的数字藏品市场，在方方面面都存在一定的差异，具体有哪些呢？

底层架构不同

国外的NFT市场是基于公链的，如以太坊、Solana平台等，是完全去中心化的，同时也不受任何人和任何中心机构的管理和监督。

我国的数字藏品平台基本上都是基于联盟链的，比如蚂蚁链、至信链、长安链、文昌链等。联盟链由联盟内部成员所有，而且接入时需要系统认证，不同平台铸造的藏品无法跨平台流转，因此是不完全去中心化的。

未来，公链和联盟链的差别会越来越小。因为公链的节点虽然多，但是并不是无限的；联盟链的节点较少，如果增加一些，系统也是可以承载的。

参与者不同

链的不同，导致平台的准入原则也有所差别。在公链上，人人都能发布 NFT 作品，但是我国的联盟链对此是有一定要求的。

我国的数字藏品创作者有一定的门槛，以企业和艺术家为主。而在大平台上发行的数字藏品，对创作者要求更高，主要由博物馆、传媒机构，以及一些知名度较高的艺术家创作。比如，鲸探上发行的《敦煌飞天》数字藏品，以及数藏中国发行的《唐宫夜宴》《龙门金刚》系列藏品，都是选取了国内知名 IP（见图 2-1），而且这些数字藏品的发行，基本是由平台完成的。

在 OpenSea 上，可以说是人人都可参与。用户可以自己创建 NFT 专辑，设置专辑名称、类别，交易的版权费、币种，授权范围、发行量。而且操作流程十分简单，用户只需将作品上传，经过简单审核就可上线销售。

图2-1　《唐宫夜宴》系列数字藏品

审核机制不同

国外的NFT作品和国内的数字藏品，在发行的内容审核上也有一定的区别。国内的数字藏品一定要通过内容审核，才能在链上发布；国外的NFT作品无须经过版权审核，就可以上链。缺少审核机制的市场，必然会存在较大的风险。

还有一点不同就是国外市场是可以匿名购买的，而国内市场一般要经过实名认证，接受身份审核。

交易层不同

从交易层来讲，国内和国外也有较大的不同。比如，国内不能直接在智能合约里完成交易，而是基本沿用现有电商的模式，先用人民币以中心化的形式购买，上链后用户才能持有数字藏品。不过，尽管上链之后用户拥有数字藏品，但是实际上私钥全部由平台方托管。

私钥可能是可以导出的。比如，数藏平台上线一个保管箱，用户购买数字藏品后可以创建一个账户，这样用户就可以将所有的资产转移到相应的账户上，这时，用户的资产就不是由平台托管，而是完全由自己掌握了。数藏中国就推出了国内第一款去中心化钱包（数藏保管箱）——"河包"。

产品层不同

从产品层来说，国外 NFT 作品的发行以版权类为主，不仅是唯一版权，一次只发行一个作品，而且可以自由定价。而国内目前基本上都是按份数发行的，发行金额比较小，不用 100 元就能买到很多大 IP 的数字藏品。这些数字藏品也具有唯一编号，本身就是限量的。虽然购买的用户不能完全拥有版权，但是可以收藏。国内的一些平台也可以通过转赠的方式进行数字藏品的流通。通过这种方式，人们满足了自己收藏的心愿。

从现实情况来看，目前按份数发行比较符合我国的国情，当然版权类的玩法，在未来的发展空间也很大。随着数字藏品逐渐成熟，一次发行一个作品且有唯一编号的情况也越来越多了。国内外市场的区别如表 2-1 所示。

表 2-1　国内外市场的区别

市场	国内	国外
底层架构	联盟链	公链
中心化方式	弱中心化	去中心化
发行门槛	门槛较高	任何人准入
审核条件	需要审核	无须审核
交易货币	人民币	虚拟货币

风险防范：是机遇还是泡沫

随着数字藏品在国内兴起，有人说它是时代新宠，下一个百亿级风口，有人则认为它是资本鼓吹出来的美丽泡沫，一场终究会破灭的骗局。

那么，数字藏品到底是泡沫还是机遇？相信很多人都有这样的疑问，我们下面就来一一讲解。

泡沫还是机遇取决于不同目的

对于艺术品、文化传媒、旅游、游戏等行业来说，可能数字藏品蕴含着很大的机遇；对于各大品牌，用数字藏品打造IP，增强与粉丝的联系，也大有可为。

比如，奈雪的茶推出了虚拟品牌形象NAYUKI，并在六周年之际，发布了"奈雪女孩"系列数字藏品。一经上线，这些数字藏品就被抢空，借助这个活动，奈雪的茶这个品牌得到了宣传。

对于抱有投机心理的人来说，数字藏品可能只是巨大的泡沫。

数字藏品是不是"智商税"

有人认为，现在的数字藏品，不过是一张图片、一个视频或一段文字，这些内容随便就能复制或下载，我何必花钱去买呢？况且有些平台发行的数字藏品，又没有商业使用权，这不是"智商税"吗？

其实，与网上随便就能复制或下载的图片相比，数字藏品具备平台发售的数字资产凭证，是有官方认证和技术支持的，不同的数字藏品，授权范围也会有所差异。而且不同用户的购买动机不同，有些用户购买数字藏品纯粹就是为了欣赏，或用于社交展示，这种用途也触及不到商用范畴。

有些数字藏品的授权范围较广，可以商用，甚至允许在其基础上进行二次创作。以无聊猿为例，运动品牌李宁在购买了其NFT作品之后，就将其用在产品设计上，生产了一系列印有无聊猿图案的T恤，因此还赢得来了一波关注和讨论。

数字藏品存在的风险

新生事物总会伴随着相应的风险。

（1）黑客攻击、被盗、诈骗风险。

当下火热的数字藏品市场，非常容易吸引网络犯罪分子。智能合约被黑客攻击，数字藏品被盗取，是目前该领域目前的问题。

目前存在一些打着数字藏品旗号的"互联网诈骗产品"。有些组织利用人们的认知不足，声称数字藏品接下来几年会升值，购买后可以获得高额回报，而人们一旦购买，这些组织马上就消失断联了。

这种以出售数字藏品名义进行非法活动的组织，应该给予严厉的打击。同时，作为普通用户，要学会鉴别信息，做出理智判断。

（2）侵权、版权纠纷。

尽管数字藏品解决了数字内容确权的问题，但是依然无法避免现实中作品侵权的行为。数字藏品铸造上链的时间和信息虽然是公开透明、可溯源的，但如果上链的作品本身不是原创的，仍然会造成版权纠纷。

2022年4月20日，杭州互联网法院审理的国内数字藏品第一案，就是某个用户将某漫画家创作的"我不是胖虎"系列中的"胖虎打疫苗"作品私自铸造成数字藏品，并以899元发售。令人惊奇的是，这个数字藏品竟然还带着该漫画家的微博水印，可见平台对版权审核不够重视，因此，一审判决，发行数字藏品的平台被处以4000元的罚款，目前，此案还在上诉中。

当然，这种侵权行为并不少见，尤其是在相对开放的国外市场。据统计，OpenSea上的作品有很大部分是剽窃而来的，因此存在更多、更大的风险。

除了侵权问题，因为发行数字藏品时会约定版权授让范围，如果购买数字藏品的用户没有在相应的版权约定范围内使用数字藏品，也会带来相应的版权纠纷。

（3）平台跑路。

数字藏品应用的底层技术让持有者掌握更多所有权和控制权，但是由于web 3.0还处于早期，平台方仍旧是占有主动权的一方，在遭遇重大问题时，很容易对数字藏品的资料做出修改，甚至直接关停平台。虽然数字藏品的所有信息都会在平台上存储，但是链上无法存储较大的文件，更多的还是采取链下存储的方式，还是存在较大的平台风险。

有些平台门槛较低，看似人人都能铸造数字藏品，但是未必所有的数字藏品都有高价值，用户要擦亮眼睛，避免落入圈套。

第 3 章

四大角色，深剖 NFT 产业链

创作者：未来人人都是创作家

从流通层面，我们将数字藏品市场的产业链分为上游创作者、中游平台、下游用户，再加上内容，也就是藏品，共同构成了数字藏品的四大角色。

上游创作者：目前国内的数字藏品创作者以企业和知名艺术家为主。

中游平台：我国数字藏品平台众多，除了大企业旗下的平台，还有各种水平参差不齐的小平台。

下游用户：也可以说是"藏友"，以"90后""00后"年轻人群为主。

那么，数字藏品市场是怎样运行的？上述三者各自扮演了什么角色？有什么需要注意的？

下面我们先从创作者讲起。

上游创作者，目前主要指个人和团体，对应我们常说的UGC（用户生产内容）和PGC（专业生产内容）两种形式。

国外NFT市场是完全开放的，以个人创作为主。在这种模式下，个人可以自由创作且收入透明。不过，从结果来看，无论是比普尔的《每一天：最初的5000天》，还是插画师塞内卡创作的无聊猿头像，能够得到关注的数字藏品也都是出自比较有影响力的人物之手。

我国的数字藏品市场以专业团队创作为主。前期为了保证数字藏品的品质，很多大平台都是找文化机构进行合作。尽管有些平台允许个人创作，不过创作者大部分是有一定影响力的艺术家。

由于创作者的类型不同，自然在创作模式、平台和选择收益模式上存在差异，尤其是在收益模式上。以个人创作为主的平台，创作者的收入主要是藏品的销售收入；以专业团队创作为主的平台，创作者的收入大部分源于签约费和销售分成。具体可以参考表3-1。

表 3-1 PGC 与 UGC 的具体区别

两种形式	PGC	UGC
创作者	专业团队生产内容	个人创造内容
创作模式	• 与外部艺术家、机构联名发行 • 内部艺术家团队	• 用户可以自己铸造、发行NFT 作品，可以采用音频、图片、视频等多种形式
应用案例	• 国外：Nifty Gateway[①] • 国内：鲸探、数藏中国	• 国外：OpenSea、Rarible[②]、SuperRare • 国内：唯一艺术、Bigverse
平台盈利模式	• 销售分成：平台与知名 IP 合作，按一定比例分成 • 赚取差价：平台一次性买断 IP，并进行销售	• 手续费：用户需向平台缴纳Gas 费 • Gas 费差价：用户卖出 NFT作品后，要向平台交约 5%～10% 交易手续费
创作者盈利模式	• 销售分成 • 签约费	• 销售收入扣除上链 Gas 费和交易手续费

① Nifty Gateway 是国外少有的受监管的 NFT 平台，其门槛较高，多与顶级艺术家和品牌进行合作，普通用户则需要申请。Nifty Gateway 上发行的 NFT 作品也很优秀，比如世界知名艺术家迈克尔·卡根（Michael Kagan）推出的 CRENAN 系列作品。

② Rarible 是建立在以太坊上的 NFT 发行、交易平台，该平台允许用户自行创作、发行 NFT 作品，并支持一口价和拍卖等多种交易模式。创作者在发行 NFT 作品时，可以将版税率最高设置为 50%，同时需要向平台缴纳 2.5% 的交易手续费，Rarible 上发行的最著名的 NFT 项目就是无聊猿俱乐部。另外，Rarible 还支持与 OpenSea 跨平台管理。

不过，和专业团队，尤其是传统文化类机构合作，创作的数字藏品数量是有限的。随着市场不断发展和完善，会有各种类型的创作者加入。未来可能有哪些新的创作模式和变现模式出现呢？

支持更多的创作者参与

目前国内大多数平台都是和专业机构合作，内容本身比较优质，数量较为稀缺，因此都是采取抢购的模式，平台上新的节奏维持在一天发行一个数字藏品，无论是和创作者的合作，还是数字藏品的发行，都是由平台掌控的。

但是，这种模式毕竟比较单一，而且作品数量也有限。在未来，一定会有更多创作者参与创作数字藏品。当然，国内有些以公链为底层技术的平台允许个人创作者加入，作品内容也更加丰富多元。而以联盟链为底层技术的平台，也在尝试与更多类型的艺术家合作。

创作者与平台合作流量变现

数字藏品创作者还有很多流量变现模式值得探索。比如，数字藏品和流量方进行合作，让创作者和流量方对接，只要流量方有匹配的用户群体，经过分享或推广作品促成了转化，流量方就可以获得一定的销售提成。

所以，将国内数字藏品的流量进行整合，特别是将腰部流量集中起来触达相关用户是很重要的。比如，通过流量方的推荐，喜欢传统文化的群体，能接触到有关传统文化的数字藏品；潮流创意类的数字藏品，能精准对接到相关人群，这对未来的数字藏品市场是有重大意义的。

那么，国内的创作者与平台合作的步骤有哪些呢？

第一步：实名认证

不管是个人还是机构，与数字藏品平台合作时，为了规避内容方面的风险，平台会对创作者进行实名认证。目前实名认证主要是在线下进行。

第二步：版权审核

对数字藏品的内容来说，最重要的就是版权了。创作者一定要拿原创的、版权属于自己的内容去铸造数字藏品。否则影响的是自己的名誉，平台也会有一定的连带责任。

如果数字藏品是原创的，但是还未做版权登记，平台会帮助创作者做相关的登记。

第三步：售卖价格、份数商定

我们在前面就讲过，国内市场和国外市场，由于底层区块链以及平台模式的不同，在发行作品的数量上也会有相应的差异。

我国数字藏品平台，在发行数字藏品时一般都是多份的，而且价格也是和平台商定好的。创作者不能抱着捞一把的心态随便定价格和数量。比如，有些创作者为了获得利益，直接将数字藏品定价上千元，但是藏品本身又没有那么大的价值，可能后续会给自己和平台带来很大的麻烦。

总之，虽然国外市场和国内市场有很大的不同，但是数字藏品的出现还是为创作者带来了更多机遇，随着NFT技术和数字藏品不断成熟，也会有越来越多的个人创作者加入。

平台：大厂巨头入局，小厂遍地开花

作为连接创作者和用户的中间桥梁，数字藏品平台不仅要提供发行和交易服务，还要做好内容审核的工作。那么，我国有哪些主流的平台呢？每个平台又有什么特色呢？

我国的数字藏品平台主要分为两大类，一类是大型企业旗下的平台，另一类是遍地开花的小型企业创建的平台。

下面就对国内比较常见的数字平台做个简单的介绍。

鲸探

底层区块链：蚂蚁联盟链。

访问入口：鲸探 App、支付宝 App。

背景：阿里巴巴。

2021 年 12 月 10 日，支付宝小程序蚂蚁链粉丝粒正式更名为鲸探。鲸探主要和国内优质的 IP 合作，数字藏品的品质较高，也很重视细节。比如，鲸探发行的敦煌飞天系列有很高的收藏价值。鲸探上的数字藏品价格相对较低，基本维持在百元以内，而且允许用户在购买 180 天后进行转赠，是国内数一数二的数字藏品平台。

R-SPACE

底层区块链：至信链。

访问入口：小红书 App。

背景：小红书。

与其他平台发行的数字藏品不同，小红书上的很多数字藏品在发行时还会附带与图片一致的实体产品。成功购买的用户不仅可以获得一份数字藏品，而且可以收到对应的雕像、画作、玩偶等实体产品。小红书上的数字藏品颇具设计感，更像是备受年轻人喜欢的潮流手办。小红书上的数字藏品一般一百元起步，数量也不多。

数藏中国

底层区块链：文昌链、中移链。

访问入口：公众号、数藏中国 App。

背景：海南数藏文化科技有限公司。

数藏中国主打合规交易，是集铸造、交易、展览、社交等一体的数字藏品平台，且与中国收藏家协会、故宫文创、河南卫视等众多知名机构建立了深度合作。截至 2022 年 11 月，数藏中国发行的数字藏品总量高达 150 万份，其中包括人民日报、人民政协报、国家文化公园、天坛 3D 祈年殿、唐宫夜宴、龙门金刚、小虎墩、RealWorld 蝴蝶兰庄园、传奇（数藏版）、厦门航空、2022 元宇宙世界杯国宝等 IP 的优秀藏品。

不仅如此，数藏中国的藏品玩法众多，有一级发行商城、藏品馆藏、藏品合成、藏品置换等，同时还有抽签申购、权益优先购、零元购等多种购买方式。更重要的是，数藏中国有强大的社群支撑，发行的藏品常常位居每周热榜前列。

Bigverse

底层区块链：以太坊侧链。

访问入口：公众号、官方网站。

背景：唯艺（杭州）数字技术有限责任公司。

Bigverse 与 OpenSea 类似，也是国内少有的支持个人创作者上传作品的平台。在 Bigverse 上铸造藏品的价格要比 OpenSea 低，而且页面操作简单，支持人民币支付。

Bigverse 集艺术创新、元宇宙空间打造以及内容生态社区于一体，用户戴上 VR 眼镜进行相应操作，就可以在 Bigverse 的"大元宇宙"里自由活动，里面的场景真实酷炫，用户可以拥有很不错的体验。

从这些平台特点来看，有大型企业背书的平台，上线的数字藏品都比较知名，而且一般都可以做到保真和确权。

用户：紧追潮流的新生代"藏友"

随着国内数字藏品的火爆，抢购数字藏品在年轻人圈子里成为一种潮流。

在距"越王勾践剑"数字藏品正式发售前的两天，数十个数字藏品 QQ 群里就已开始热烈讨论。"藏友"们针对数字藏品的清晰度、发行量进行着激烈的讨论，纷纷表示希望自己能在两天后抢到这款数字藏品。

2021 年 10 月 29 日 12 时，由湖北省博物馆授权的"越王勾践剑"数字藏品定价 19.9 元，正式发售。短短不到半分钟，一万份数字藏品就被抢光。没买到的人失望地在群里抱怨："60 万人抢一万把剑，实在是太难了。"

据巨量算数统计，从 2021 年 8 月 20 日至 2022 年 8 月 20 日，关注数字藏品的群体中，18~23 岁的人群占比 42.14%；24~30 岁的人群占比 27.50%。可以看出，关注数字藏品的人主要是"90 后""00 后"。

从消费动机上来看，用户购买数字藏品，主要基于以下几点（见表 3-2）。

表 3-2　用户购买数字藏品动机

求美	被数字藏品的审美价值和艺术理念所吸引
求异	希望利用独特的数字藏品表达自我和彰显个性
求新	喜欢探索数字藏品的新奇属性
求同	因跟风、模仿心理购买
求名	期望因持有稀有的数字藏品扩大个人知名度
求廉	被较低的价格和平台促销手段刺激
求实	出于数字藏品具有能兑换票据、实物等价值

那么，为什么数字藏品尤其受年轻人欢迎呢？我们针对数字藏品市场做了相关的调研。

原生网民，对数字产品和国潮文化感兴趣

"90 后""00 后"比较乐于接受新事物，同时也较为喜爱

数字产品。数字藏品本身有一定的科技含量，年轻人通过购买数字藏品能满足自己追求潮流和个性的需求。

目前大部分数字藏品都是围绕传统文化打造的，随着我国各方面影响力的增强，越来越多的年轻人更加热爱这种由传统文化衍生出的国潮文化。数字藏品是科技创新和国潮文化结合的产物，且以更年轻、更现代的方式呈现，所以备受年轻人关注。

向社交、游戏多元化发展，朋友间可转赠

数字藏品除了具备藏品属性，还在向社交和游戏等多元属性扩展。

数字藏品具有稀缺性，可以作为一种身份象征，拥有它成为年轻人在虚拟空间表达自我、展现个性、追求潮流的一种方式。就连篮球明星在购买了无聊猿NFT作品后，都将其设置成自己在社交平台的头像。

在眼球经济时代，晒图并不是为了自嗨，而是为了获取身份和心理认同。由于数字藏品本身具有稀缺性，能成功拥有这样的数字藏品，本身就很容易获得关注。

有些年轻人还以数字藏品为礼物，在朋友生日等重要的时刻将数字藏品送给对方，这可以说是新生代独有的交流感情的方式。

价格低廉、操作简单，人人都能买得起

当然，数字藏品受到欢迎更重要的一个原因是国内的数字藏品价格一般在 200 元以内，大大降低了用户参与购买的门槛。这样的价格，人人都能消费得起，花费不多就能买到喜欢的数字藏品。另外，与实体藏品相比，数字藏品突破了时空限制，无须刻意保管。无论是从价格上，还是从保存方式上，对年轻人来说并没有负担。何况在我国购买数字藏品，技术操作门槛也低，可以直接用人民币支付，不用虚拟货币。

内容：具有稀缺性的数字资产

经调研不难发现，目前市场上的数字藏品主要有以下几种。

文物、非物质文化遗产等数字藏品

像文物、非物质文化遗产等本身就是国宝级 IP，比如《敦煌飞天》《秦始皇兵马俑》《越王勾践剑》等数字藏品影响力巨大。

名人画作、音乐等数字藏品

名人不仅在行业内拥有较高的地位，而且有一定的粉丝

支持。著名主持人、艺术家倪萍发布了《欢喜中国年》《幸福鸟》《元宵节》等数字藏品。多位歌手也选择发布音乐类数字藏品。

各大品牌发布的数字藏品

有些品牌为了打造IP或开展营销活动，会通过发行一些数字藏品博取大众的关注，加强和用户的互动。像奈雪的茶、特步、元气森林等品牌，都发行过相关的数字藏品。图3-1就是元气森林在数藏中国上发行的泡泡枪系列数字藏品。

图 3-1 元气森林在数藏中国上发行的泡泡枪系列数字藏品

特定应用场景的数字藏品

游戏的皮肤道具、景区的数字门票，相关机构也会发行这类具有特定应用场景的数字藏品。

潮玩、创意类数字藏品

年轻人对潮玩类产品比较感兴趣，平台为了迎合年轻人喜好，推出了潮玩、创意类数字藏品。如数藏中国推出的《功夫》《滑板》等涂鸦风格的数字藏品备受年轻人喜欢（见图3-2）。

图3-2　数藏中国发行的《功夫》《滑板》数字藏品

具有特殊意义的数字藏品

为了庆祝香港回归25周年，鲸探特意推出数字藏品《25位少年心中的香港》。

那么，到底用户喜欢什么样的内容呢？这些数字藏品都有什么共性呢？

话题性越强，越受用户追捧

将作品内容和当下年轻人喜欢的潮流元素结合，可能会打造出更多受年轻人喜欢的数字藏品。

在 2022 年的国际博物馆日，人民网灵境·人民艺术馆与秦始皇帝陵博物院联合推出"博古通今数字秦俑"国际博物馆日高清视频数字藏品，而且制作了 13 款高清图片的数字藏品。这些藏品将兵马俑形象融合了年轻人喜欢的卡通元素，给人们带来了很多惊喜。

价值越大，越被用户珍视

不管是平台还是创作者，在发行数字藏品时，一定要站在长远的角度规划和考虑其价值。如果真的有一天，每个人都可以发行或拥有数字藏品，唯有价值独特的数字藏品才会被人们珍视。

从数字藏品受年轻人追捧的原因中，我们可以看出数字藏品对用户的价值主要集中在以下五个方面。

（1）基于稀缺性进行的投资。

数字藏品具有唯一编码，能够最大限度地保证创作者和用户的权益。

（2）人文认同。

艺术类的数字藏品大多具有美感和创意性，人们购买它就像购买传统艺术品一样，是对其价值的认可。

（3）生产要素配置。

有一些游戏相关的数字藏品，用户在购买后可以用于游戏中。

（4）情感因素。

像很多人购买、收藏球星卡是因为喜欢这个球员在赛场上的表现，即使球员退休了，看着卡片也会想起他的热血表现。出于情感需求，用户也会购买数字藏品。

（5）社交货币。

数字藏品具有独一无二、不可复制的属性，成为年轻人表达个性、自我展示和追求潮流的一种工具。数字藏品作为一种身份象征，是年轻人互动交流的社交货币。

所以，只有有用、有价值的产品，才会在市场上流通；空有概念、毫无用处，迟早会遭到用户的抛弃。

创作者增值，名人自带流量

打造一款数字藏品，其背后的创作者至关重要。名人本身有一定的影响力，能带来可观的流量，而且他们的作品也经过了时间的考验，在话题度和专业性上都相对有优势。

总之，打造数字藏品需要优质的内容，目前我国的数字藏品平台优先合作的都是一些顶级IP，由于数字藏品既有艺术性、又有价值，所以最先在文化艺术领域实现突破。不过，随着数字藏品的发展逐渐成熟，相信以后会被应用于更多场景。

中篇

NFT 时代来临，
引发数字藏品商机

第 4 章

实践应用，各大领域迎来新变革

文旅产业，玩出新花样

随着数字藏品在国内普及，在最先受益的一批产业中，不得不提到文旅产业。

受新冠疫情影响，旅游业受到重创，但是在文创领域却玩出了新花样。数字藏品的出现又为文旅进军数字经济提供了新机遇。其中，最为抢眼的是博物馆文创，无论在哪个平台发行数字藏品都会秒罄。

我国的文旅产业 IP 强大且丰富，是数字藏品平台优先考虑的合作对象。趁 NFT 风靡全球之际，文旅产业率先搭上了数字藏品的快车。

那么，在数字藏品的打造上，文旅产业具体有哪些玩法呢？我们根据已发行的数字藏品，做了简单总结（见表 4-1）。

表 4-1　文旅类数字藏品玩法

玩法	代表作品	详情
二次创作	《浮面》《白藏之衣》《虎虎生威》《福泽满天》	以古蜀金沙为题材，根据成都金沙遗址博物馆镇馆之宝"太阳神鸟""大金面具"等文物打造元宇宙概念数字藏品
文物复刻	《虎虎生福》	中国文物报社携 16 家博物馆，与唯一艺术联合发布 16 款虎虎生福联展系列数字藏品
动态视频版	《三星堆戴金面罩青铜人头像》《三星堆青铜人面具》	用动态视频展现古蜀文明、千年秘宝
3D 建筑模型	《大唐开元·钟楼》	用 3D 建筑模型，最大限度地再现了唐代古建筑的形态与设计，突破时空、内容与功能限制，任意实现"3A"[⊖]式观展

那么，用户除了可以在线上收藏、欣赏这些数字藏品，它们能与实体产品碰撞出什么火花呢？又有什么现实应用价值呢？

购数字藏品门票，终身免费畅游

文旅类数字藏品不仅可供线上欣赏、收藏，还可以作为

⊖　3A 即 Anywhere（任何时间）、Anytime（任何地点）、Anyhow（任何方式）。

景区门票。一些景区为了吸引用户购买数字藏品，还赋予用户终身免费游览景区的权利。比如，水泊梁山景区发行的数字门票"好汉令"，可以让用户终身免费畅游景区。

数字纪念票，集卡、抽奖玩不停

文旅机构在发行纪念票时，一般会配合多种营销方式，以吸引更多用户，带来更多曝光和关注度，引导用户进行二次消费。

比如，用户集齐大明宫国家遗址公园的数字藏品后，可以兑换终身免费游玩景区福利。安徽天堂寨景区推出了首款纪念票，搭配抽奖活动，中奖用户不仅可以获得原住民荣誉，终身免费游览景区，还享有其他超值优惠。洛阳老君山推出了首款数字文创纪念票"老子骑牛·天界五宫"，用户只要购买就可以领取老君山多个娱乐项目优惠券。

买数字藏品，附赠实体潮玩手办

有些游乐园、潮玩城在发售数字藏品时，还会搭配实体手办。比如，购买深圳华侨城欢乐港湾景区的数字藏品"摩"力港湾，购买者除了能获得摩天轮乘坐年卡外，还会收到联名的实体潮玩手办。

另外，还有文旅机构推出数字藏品＋元宇宙玩法。比如2021年年末，大唐不夜城推出"大唐·开元"系列数字藏品，这是西安首个3D建筑模型数字藏品。大唐不夜城还打造出基于唐代历史文化背景的元宇宙项目"大唐·开元"，不管用户在哪里，都可以去"大唐不夜城"游览。

数字藏品与文旅机构的结合意义重大，具体表现在以下方面。

纪念、收藏，增加营收的新途径

文旅机构乘数字藏品的东风，基于一定的文化、自然资源进行创作，发行的数字藏品非常有纪念意义和收藏价值，不仅如此，越是以珍贵的宝物铸造而成的数字藏品，越能吸引人们抢购。数字藏品的流行，倒逼文旅机构进一步挖掘文化资源，并进行产品的迭代升级，形成良性循环。

增强品牌建设，提升认知度

各大景区本身就有强大的文化和资源，数字藏品作为一种文化创新载体，能与景区的文化和景观有效结合，让品牌走入更多人的视野。而数字藏品的发售过程本身也是对IP的一种营销宣传，有利于沉淀品牌长期资产。

拓展用户群体，为线下引流

数字藏品的发行，为文旅产业带来了更多的曝光和关注度，不同机构结合当地的文化特色，发行各种主题的数字藏品，有效拓展了获客范围。

一件数字藏品的流行，本身就能激发用户线下体验的意愿，而文旅机构推出的一些营销活动也为"线上获客，线下消费"打开了新思路。

沉淀用户，促进数字化发展

数字藏品将文物、景点以数字化的形式展现，又用各种营销手段吸引用户，可以有效促进文旅产业的数字化发展。通过发行和运营数字藏品，博物馆和景区可以沉淀用户信息、绘制用户画像、分析用户行为，从而做出更加科学有效的经营决策，提升自身竞争力。

2022 年上半年，各大数字藏品平台与博物馆合作是一种潮流趋势。不过，需要注意的是，其实很多博物馆并不一定拥有馆藏资源的知识产权，对于数字化后的藏品的知识产权归属，还有很多地方需要探讨。

总之，数字藏品率先在文旅领域开辟了新局面，既宣传了 IP 文化，又拓展了机构增收途径，还能沉淀用户，为线下引流，对机构的长远经营发展有非常积极的意义。

动漫 IP，增添变现新途径

自从 2021 年数字藏品在我国兴起，众多动漫相关企业都表现出了极大的兴趣纷纷与平台合作，也取得了相当不错的成绩。比如，2021 年 6 月，国漫头部 IP 伍六七就联盟发布了两款付款码皮肤；8 月，《白蛇 2：青蛇劫起》在全国上映期间也发行了相应的数字藏品。到了 2022 年，越来越多的动漫 IP 加入数字藏品开发的行列，发行的数字藏品数量也呈指数级增长。

动漫 IP 本身知名度较高，可延展出多种形式的衍生品。如此一来，动漫 IP 既能针对自身打造数字藏品，又能与其他品牌联名合作。国内数字藏品平台众多，知名动漫 IP 往往是被邀请的一方，而且有多种模式可选择。

毫无疑问，在数字藏品的应用上，动漫 IP 占有先天优势。那么，动漫 IP 具体有哪些优势和特点呢？在我国又有哪些发展方向呢？

动漫 IP 市场广阔，周期短、回报高

不得不说，数字藏品的出现，为动漫 IP 提供了一种新的变现途径。

2022 年 4 月 15 日，幻藏艺术发行了 15 000 份奶龙 3D 系列数字藏品，定价 99 元，收入高达 148 万元；5 月 29 日，数藏中国与元人动画合作，发布了 1799 份虎墩版权品盲盒，定价 199 元，收入约 36 万元。

由此看来，目前市场上大多数数字藏品的发行收入至少都是十万元级别的，甚至销售有些数字藏品总收入可超百万元。另外，由于数字藏品的技术和流程等特性，从寻找合作方到藏品正式发布，在较短的周期内就能完成，因此，对于动漫 IP 方来说，开发数字藏品是一门稳赚不赔的好生意。

有一定的粉丝基础，购买力充足

动漫 IP 之所以在发行数字藏品时比较容易打开市场，发行的藏品数量能上万，主要是 IP 本身积累了一定的粉丝量，从而提供了充足的购买力。

动漫 IP 还有一个天然优势，就是在粉丝眼里数字藏品属于由 IP 衍生的一种周边产品，他们本来就有收藏、购买 IP

衍生品的习惯，所在的圈子也有交换、分享衍生品的文化，所以面对数字藏品这种新颖有趣的形式他们也非常乐于尝试。

目前，Z世代是动漫IP消费的主力人群，他们乐于接受新事物，喜欢分享，并活跃在各大社交平台，数字藏品能为他们带来更多的关注和话题，而他们也对数字藏品的传播有积极的意义。

平台众多、市场广大，但同时要谨慎

我国数字藏品平台遍地开花，竞争相对激烈，头部IP是被争抢的对象。因此，对动漫IP方来说，有比较多的选择，甚至可以和多家平台进行合作。比如，若森数字旗下的画江湖之不良人系列，不到两个月，就在瞬元、灵境藏品、久星数藏、芒果TV、神元达线等多家平台发布藏品。

目前数藏平台鱼龙混杂，管理体系还不完善，因此也有相当多的动漫IP方稍显谨慎，更倾向于和鲸探等大平台合作。但有些IP方在合作方选择上比较专一。比如，知名国漫IP"灵笼"，在2022年4~5月，一直都是和阿瓦朋克合作。

头部、非头部动漫IP侧重的平台不同

头部动漫IP变现轻而易举，但是非头部动漫IP呢？它

们在数藏市场表现如何呢？

目前，非头部动漫 IP 创作的数字藏品也不在少数。比如，数藏中国发行的《小虎墩大英雄》，鲸探发行的《眷思量之烟霞海客》，优版权发行的《兵主奇魂·人物志》等数字藏品，都并非来自头部动漫 IP。

这些非头部的动漫 IP，在平台的选择上更偏爱擅长运营和赋能玩法的平台。比如，二度和数藏中国推出的数字藏品《虎墩》，就是看中了平台会分期发行藏品和长期赋能运营的能力。

数字藏品率先在动漫 IP 领域开辟了新世界，但是数字藏品的用户大多来自区块链等领域，用户规模远不及潮玩和衍生品用户。后续市场发展如何，仍需要很长的时间验证。

图书出版，全方位受益

面对汹涌而来的数字藏品风潮，对于内容为王的出版行业，怎能袖手旁观、不寻求新商机呢？

2022 年 3 月 7 日，出版界首个数字藏品——《贰拾年·光阴的故事》面市，该数字藏品由北京长江新世纪文化传媒有限公司发行，上线不到 20 秒就全部抢完了。同年 4 月，浙江少儿出版社以"沈石溪品藏书系"《狼王梦》的封面作为创作元素，打造了一款数字图片藏品；5月，人民文学出版社旗下文创品牌"人文之宝"，发售正子公也《三国志》动态原画数字藏品；不久之后，童趣出版公司也出品了《天工开物》系列 3D 数字藏品《乃粒·耕耕》。

这些数字藏品一经上线就火速售罄，直接拉开了出版业进军数字藏品领域的序幕。

其实，出版业与数字藏品的结合不只是发行藏品一个方面，数字藏品背后的相关技术，更会对出版业的数字内容发行、版权确权、交易流通等每个环节产生深远的影响。

那么，具体有哪些表现呢？又会有哪些场景的应用呢？

作品确权：有效防止作品被盗版

NFT 能详细记录作品特征、创作者信息及流通情况，因此大大提高了作品确权和追溯效率，它既能有效防止作品被盗版，又能确保版权方在作品流通中获得收入。

由于每本 NFT 图书的副本都会在区块链上进行记录，且每笔交易是由智能合约自动执行的。如果有人利用非法手段随意添加副本，则会受到智能合约的阻止。从某种程度上来说，这为杜绝盗版提供了一种可能。

版税支付：实现利益即时分配及转赠

在出版行业，目前电子书结算的模式是平台将图书收益每年分批次支付给出版社。出版社根据版税率每年分批次为作者发放稿酬。因此，周期长、回款慢一直都是困扰出版社和作者的难题。如果未来将支付方式嵌入智能合约，这样，支付就能变得即时、自动和透明。也就是说，每销售一本图书，出版社和作者就能马上收到收益。

另外，大多数电子书没有转让和转售功能，未来的NFT图书不仅记录了所有者身份，而且只能允许所有者阅读，如果图书进行转让，这些权利也会随之转移。在智能合约上，出版商也可以设置条件，比如转让的最低、最高价格，以及时间限制，而且每次转让作者和出版社也能从中获取分成。

读者权益：真正拥有永久所有权

以前读者所购买的电子书只能在平台上阅读，如果遇到平台倒闭或网络故障，这些电子书就无法查看了。比如2022年，亚马逊宣布将停止中国kindle电子书店的运营，很多人就感叹虚拟资产无法拥有永恒的保障，真是令人惋惜。

但是如果将图书制成数字藏品，并存放在区块链上，那么读者就能永远拥有，并真正具有这本书的所有权。这对读者来说是一件非常有意义的事。

图书发行：数字藏品 + 实体图书

在图书发行方面，可以将数字藏品与实体图书捆绑销售。比如，浙江少儿出版社在京东灵犀平台上发行"狼王梦"数字藏品时，就与实体书进行了绑定发售。凡是购买实体书的用户，都能获得一份"狼王梦"数字藏品。这种方式既可以促进实体书的销售，又增添了一份数字藏品的收入。

收藏增值：打造稀缺版图书

众所周知，纸质图书本来就具有一定的收藏价值，然而普通的电子书只能满足读者阅读的需求。由于 NFT 可以证明个人数字资产的所有权，因此，图书数字藏品也同样具有收藏价值。

尤其是对于某些经典、人气高的图书来说，可能积累了很多超级粉丝，因此打造具有稀缺性的图书数字藏品也是非常可行的。

营销配合：给读者附加权益

发行数字藏品，本身就是一件对出版社、读者和作者都有益的事。如果推出让读者心动的数字藏品，并配合有趣的互动玩法，出版社可以将其视作一种营销方式，配合实体书的宣传和发行。

通过以上内容可以看出，数字藏品对出版业的影响不仅关乎作者、出版社，还会影响读者。那么，从内容和形式方面考虑，出版业应该怎么做数字藏品呢？

发行限量版数字藏品图书

出版社可以铸造有作者签名的限量版数字图书，然后以适当的价格发行。比如，美国某嘻哈乐队就发行了 36 本数字藏品图书，每本书配有 300 张插图。

为图书内容增值的数字藏品

纸质版的图画类图书，可能由于某些原因，并不能很好地承载所有内容，这时可以将这些精美插图铸造成数字藏品，作为附赠周边给予读者。

数字藏品与实物兑换结合

除了前面提到过的"数字藏品＋实体图书"销售模式，还可以采用数字藏品与实物兑换结合的玩法。比如，在出版图书时，定制 100 本签名版实体图书，然后连同数字藏品一起销售，这个数字藏品可以是纪念版的卡牌等。购买这个数字藏品的人，就可以兑换一本签名版的实体图书，不仅如此，他还有可能得到参加线下活动，甚至是与作者见面、对话的机会。

图书衍生品数字藏品

我们可以将图书的衍生品打造成数字藏品。比如，《哈利·波特》的衍生品可以推出数字魔杖，购买者利用这个魔杖，不仅能解决书中的谜题，而且能探索第二条故事线。如果是科幻类的图书，还可以打造一个虚拟空间，读者可以从中购买虚拟土地，体验书中的情节。

总之，数字藏品会对出版领域带来方方面面的影响，虽然暂时还不能完全实现，但是相信不久之后我们能看到相应的成果。

音乐领域，创造新模式

NFT 的出现，为以版权为核心的音乐产业带来了新变革，大批音乐人纷纷踏入 NFT 市场。发行数字藏品不仅给他们带来了更多的流量和关注，同时也是他们增加收入的一种途径。那么未来的音乐产业，具体会发生什么变化呢？

为音乐作品确权，防止剽窃、盗版

关于 NFT 的确权功能，我们在前面就详细讲解过。同样，这项技术也可以运用到音乐作品上。只要在区块链上铸造成音乐数字藏品，它的所有权信息、交易记录就能在链上查看。

在音乐领域里，创作者之间会因为编曲、歌词等问题产生版权纠纷，甚至有人直接剽窃他人的创作内容商用。音乐数字藏品的出现使版权更加明晰，面对版权纠纷也能更好地调查、溯源，对阻止剽窃、盗版行为来说意义非凡。

打击"黄牛"，避免买到高价假票

越是知名的歌手，演唱会门票就越难被抢到。在这种情况下，很多人只能求助于"黄牛"。

但是这样买来的门票怎么辨别真伪呢？如果运气不好，花高于原价几倍甚至几十倍钱买的门票，可能只是一张假票。但是，如果将演唱会门票做成数字藏品的形式，就能有效防止假票的出现。

因此，主办方可以利用 NFT 技术在区块链平台上铸造音乐数字藏品门票，并对其进行编码，同时设定门票价值。如此一来，主办方既能验证数字藏品门票真伪，还能有效管理最高转售价。如果价格过高，门票就会作废，从而有效防止出现哄抬门票价格的行为。

重构商业逻辑，催生新型音乐平台

NFT 的火热，催生出一批新兴音乐平台。

2021 年 4 月，NFT 音乐平台 Rocki 公测版本上线。在这个平台上，用户可以收听部分免费音乐，同时也能交易某些歌曲的权限，音乐人则可以自行创建版税合约。这种模式吸引了大量的用户使用和音乐人入驻。截至 2021 年 12 月 30 日，已入驻的独立音乐人就有近万名。

Rocki 的创始人曾表示，Rocki 成立的初衷是改善音乐行业现有的一些问题。比如打破在线音乐垄断，为音乐人创造更多的收益。Rocki 的好处有以下几点。

（1）绕开第三方，音乐人和粉丝直接建立联系。

（2）利用区块链技术，音乐交易全程透明、安全。

（3）采用混合模式支付版税，大部分收益归音乐人。

艺术品领域，面临新机遇

数字藏品会使艺术品市场产生变革吗？又对传统的收藏市场有什么影响呢？下面我们就来简单了解下。

艺术品市场开始涉足数字艺术

传统的艺术品市场往往涉及的是实体艺术品，随着数字藏品的流行，艺术品也渐渐由实体扩大到虚拟，由此，越来越多的互联网原住民也开始渐渐进入这个领域。

不仅如此，世界知名的艺术品拍卖行佳士得、苏富比等都在积极拥抱新兴科技，尝试数字艺术品拍卖业务。

为艺术创作者提供新市场、新机遇

实体艺术品在保存方面存在困难和风险，数字艺术品又太容易被复制，且无法验证。NFT则为数字艺术交易带来了新机会，同时改变了人们以往的艺术共识——由之前眼见为实的感官共识转变为由区块链验证的机器共识。由于数字藏品的来源和交易记录可以被追溯，数字资产所有权变得真实可信，这为艺术创作者提供了更多的机遇。

数字藏品改变原有市场规则

数字藏品与实体艺术品相比，在生产流通、呈现方式、知识产权和收益分配方面有很大的不同。从某种程度上来说，数字藏品对艺术品市场造成了一定冲击，促使原有艺术品市场的规则发生改变。不过，目前很多艺术家和艺术机构还未进入数字藏品市场，数字藏品还没有成为艺术品市场的主流。

数字藏品更依赖网络效应

在传统艺术品市场，一件作品的价值大小，往往需要由专家来鉴定，而且收藏者在挑选藏品时，比较喜欢跟风收藏家和名人，作品的变现也较依赖画廊及经纪人。然而，数字藏品诞生于网络时代，价值大小是由市场或网络效应决定的，购买者更喜欢追随名人，而且艺术家的网络影响力越大，变现也越容易。两类市场的区别如表4-2所示。

表4-2　传统艺术品市场与数字藏品市场区别

区别项目	传统艺术品市场	数字藏品市场
价值决策	比较依赖于专家鉴定	由市场和网络效应决定
影响因素	跟风收藏家、名人	追随名人
变现能力	较依赖画廊及经纪人	与艺术家的网络影响力有关

不过，数字藏品毕竟处于发展阶段的早期，甚至某些收

藏领域的人认为，相对于内容人们更关注数字藏品的形式。

不可否认的是，数字藏品对艺术品领域产生了一定影响，也为众多艺术家提供了新市场和新机遇。那么，对于普通的插画师、设计者，他们又如何从中受益呢？

数字藏品的繁荣，让艺术创作者们有了更多的成名机会。一些普通的艺术创作者，也可以自行上传、售卖画作，价格都能自由设定。在这种情况下，必然会出现一批新的艺术家。这种模式也为艺术创作者们提供了一种新的面向消费者的变现方式。

总之，数字藏品不仅给艺术品领域带来了变革，改变了原有的市场规则，同时能增加创作者的收入。尽管国内的艺术家倾向于和机构合作，但是随着市场逐渐成熟，这些方面都会有所改善。

体育全生态，进军数字藏品

2021年12月20日，中国首个城市马拉松——1981年北京马拉松的奖牌及纪念章两款数字藏品在鲸探上发布。

2021年12月24日，杭州亚运会吉祥物"琮琮""宸宸""莲莲"，作为"江南忆"组合的数字藏品面世。

2022年2月6日，女足亚洲杯夺冠，数藏中国于决赛当晚发行"中国女足勇夺冠军"数字藏品。

2022年4月1日，CBA官方推出奖杯系列数字藏品，获专享权益用户可得球员签名球衣等周边产品。

现实中，体育生态不仅包含体育赛事、球星经济，而且还有媒体宣传和金融衍生等业务，尤其是国外市场，在球文化的影响下，体育经济更加发达。NFT的出现对体育产业产生了很大的影响，在具体应用上，主要有以下几个方面。

数字藏品，用作电子门票和身份认证

数字藏品可用于线下比赛的门票及身份证明，而且数字藏品的收藏属性，赋予门票更多玩法。比如，购买三张门票，用户就会收到一个具有会员权益的球星去中心化自治组织凭证。

当然，现实中的球赛门票权益，并不是单纯以门票的形式出现，而是与数字藏品捆绑在一起。比如，美国网球公开赛发行的数字藏品，包含美网冠军卡、美网参与者独家藏品、美网藏品三种类型。而美网冠军卡又分为黄金王牌和传奇王牌，其中黄金王牌不仅可以获得2022年美网女单、男单的决赛门票，还有机会拥有在指定体育场和球星打球的机会。

借助 NFT，开发体育类游戏

体育是率先应用 NFT 技术的领域之一，现象级游戏 NBA 高光时刻（NBA Top Shot）就是代表。这款游戏支持用户用游戏的方式购买和销售 NBA 球星高光集锦。

在国外市场，除了 NBA 高光时刻，还有多款将体育和 NFT、区块链融于一体的游戏，比如 Sorare 的梦幻足球游戏，就是一款建立在以太坊区块链上的体育游戏。

目前，Sorare 已经和众多球员签订了合作协议，这些球员已经被授权入驻 Sorare。这款游戏在收集球星卡的基础上升级了玩法。在游戏中，用户能对数字球星卡展开交易，还能在联赛中自行组建球队，如果表现出色还能赢得相应的奖励。

利用粉丝经济，打造俱乐部通证

在国外，球星可以在区块链上建立自己的 subDAO，也就是一种去中心化的会员组织，粉丝持有 NFT 凭证便可加入。这种形式可以让球星和粉丝直接沟通，也赋予了粉丝更多的权益。粉丝可以通过投票决定训练场的命名，或者球队在进球后播放哪段音乐进行庆祝。另外，球员也可以在区块链上发行个人数字藏品，尽情和粉丝展开互动。

发行纪念品，制作周边衍生品

与体育相关的周边衍生品、纪念品形态多样，既可以有T恤、球、门票等常规的物品，又可以开发其他新颖的玩法。其实，作为体育生态的组成部分，无论是体育赛事、体育明星，还是体育俱乐部都可以打造自己的衍生品（见表4-3）。

表 4-3　体育 IP 发行数字藏品类别

体育 IP	数字藏品
体育赛事 IP	赛事精彩画面、赛事纪念品、吉祥物、徽章、门票、奖杯等
体育明星、俱乐部 IP	球星卡、俱乐部徽章等
体育用品、培训、场馆 IP	运动鞋、运动服装、赛事馆等
体育合作品牌 IP	• 赛事 IP 合作：游戏、赞助产品 • 运动员 / 俱乐部 IP 合作：潮牌人偶、代言及赞助产品或服务、自营品牌产品或服务 • 体育用品 / 培训 / 场馆 IP 合作：赞助产品或服务

总之，体育行业不仅有很高的话题度，天然带有媒体属性，球星们又有众多粉丝支持，可以大力发展粉丝经济。虽然国外体育行业在NFT领域表现得尤为火热，但归根结底，如何满足粉丝的需求才是真正要思考的关键问题。只有让粉丝满意，才能打开通往体育NFT新世界的大门，并能使这项经济持续运转。

游戏界，掀起新风潮

伴随着 NFT 的火热，游戏界也掀起了一股新风潮。有人认为这将开启一个全新的游戏模式，但也有人对它持观望态度，甚至明确表示排斥。

为什么大家会有如此不同的反应？这一切都要先从一款风靡全球的游戏说起。

2017 年，一款名为加密猫（CryptoKitties）的游戏上线，游戏里的猫咪都是由 NFT 技术生成的，而且每一只猫咪都有不同的属性。玩家购买两只小猫后，就可以开始游戏，通过猫生猫、出租猫、囤稀有猫，用户能获得收益。

加密猫游戏一经推出，就受到了玩家们的追捧，繁育出的猫咪品种越稀有，价值就越高。

受加密猫游戏的启发，2018 年，一款由越南的工作室 Sky Mavis 开发的名为轴无限的游戏诞生了。与加密猫不同的是，用户不仅可以在游戏中培育宠物，还能通关各种地图，相互之间进行竞技。除了玩法上的差异，更重要的是，轴无限开创了一种全新的游戏模式——边玩边赚（Play to Earn，P2E）。

也就是说，在游戏中，玩家不仅可以培育、收集和训练宠物，还能通过交易、战斗等获得游戏代币，并且将其兑换成现金。简而言之，就是通过玩游戏，玩家可以从中获得报酬。

凭借 P2E 模式，轴无限吸引了全球多家资本机构投资，同时也引发了同行们的模仿，这种模式很快被其他游戏采用。

NFT 与游戏的结合带来了哪些新的影响和变革？对玩家和开发者来说有哪些积极意义呢？

玩家：真正拥有游戏资产的所有权

众所周知，游戏能给玩家带来全新的体验，昵称、角色和道具都是玩家自我的延伸。但是在传统游戏中，无论是玩家靠实力赢得的道具，还是自己花钱购买的皮肤，其实并不真正属于玩家本人，而是属于游戏公司。

由于 NFT 技术的唯一性和不可以代替性，NFT 游戏的玩家真正拥有了游戏资产的所有权，在 NFT 游戏里，土地、装备、道具、皮肤都归玩家所有，即使一款游戏关闭，也不妨碍他们把这些资产带到另一个游戏里。

游戏开发者：省去中间商赚差价

当下流行的 NFT 游戏，并不需要像传统的游戏一样，需要在应用商店里上架 App，因此省去了平台抽成费。这笔钱可以作为资金全部投入到游戏建设里。

轴无限的创始团队认为，他们想建立一个由玩家生产内容、控制游戏、真正拥有资产的世界。也就是说，游戏的未来由玩家创造，而不是游戏设计者决定。所以，他们希望和玩家一起从中受益。

那么，在目前的NFT游戏中，又有哪些盈利模式呢？结合前面提到的体育游戏，我们总结了以下几种。

发行数字藏品，促进收藏、交易

前面所提到的体育游戏NBA高光时刻中收集的球星们的高光时刻，加密猫和轴无限中培育的稀有宠物，这些稀有物品都可以用来收藏和交易。

记录精彩场面，发挥纪念价值

将游戏中的精彩场面记录下来卖给玩家，供他们欣赏和纪念，同样是很多游戏中的常见玩法。

打造衍生品，加深玩家感情

游戏中涉及的数字产品都可以被打造成实体的衍生品售卖，尤其是签名版、稀有的游戏物件，都可以向粉丝或玩家售卖。

如今，依然有人排斥 P2E 的游戏模式，我们认为主要基于以下两点。

游戏是为了娱乐，而不是劳动

在游戏圈里，大家普遍认为人们喜欢玩游戏是因为能从中获得乐趣，而不是在游戏中打工。如果将游戏视为一种工作，自然就失去了游戏本身的意义。

盗版猖獗，炒作、黑客攻击问题频发

一款游戏一旦流行起来，就可能引发盗版行为，这会给游戏厂商带来巨大的损失。而且在游戏行业，早就有因盗版问题搞垮游戏商的案例。

在游戏中，欺诈和黑客攻击问题也很常见。2022 年 3 月，轴无限就遭遇了黑客攻击，黑客利用伪造私钥提款，带来的损失超过 6 亿美元。而遭到黑客攻击的轴无限的代币价值也随之下降。

游戏的发展向来备受争议，玩家沉迷问题，边玩边赚的模式存在一定的潜在风险，也正因为如此，NFT 游戏在很多国家的发展都受限制。

其他领域也有涉足

NFT 除了在文旅、体育、游戏等领域带来了变革，也会对房地产、慈善及日常生活产生极大的影响。具体有哪些表现呢？

房地产：简化交易流程

关于 NFT 在房地产方面的应用，目前已经出现了各种探索。除了产权确权之外，人们在房地产交易、虚拟房地产领域也在进行各种尝试。

另外，NFT 技术也能简化房地产交易流程，传统的房地产交易涉及多方参与，但是由于系统并不相通，很容易形成管理手续繁杂和效率低下的局面。但是利用 NFT 技术，可以将全过程记录在链上，这样既节省中间环节、又公开透明。

NFT 不仅会对实体房地产产生一定的影响，随着元宇宙的流行，在虚拟世界里购买虚拟房地产也是当下的热点。2021 年 7 月，在上海举办的"2021 淘宝造物节"上，就有一对年轻的"95 后"情侣花数万元购买了一个数字房地产项目"不秃花园小区"作为婚房。"不秃花园小区"是数字房地产 NFT，其中有 310 套房产，短短 2 天就售罄了。

身份认证：减少繁杂手续

生活中需要用到身份认证地方的很多，出入某些场所需要身份登记，应聘工作需要上传简历、核实工作经历，去银行办理业务需要身份证明、资产流水，出国旅游时还要用到身份证、护照和签证……

总之，身份凭证对每个人来说至关重要，但有时难免手续烦琐。

如果我们将 NFT 技术应用于身份认证，并将用户的信息进行完整记录，一方面用户的身份认证效率大大提高，另一方面由于信息难以窃取或伪造，也保证了信息的安全和真实性。

传统的身份认证最大的难点是不同国家、系统之间的信息互不相通。如果在未来，区块链技术进一步开放，存储在链上的信息被同步认可，或许"信息孤岛"的情况就会得到改善。

除了身份认证，学位证、驾照、房地产证等都可以和身份证绑定，进行相关认证。同时，一些文件如法律文件、医疗记录、合同等都可以进行真伪验证。

奖励凭证：解决领取、造假问题

目前，大多奖状和奖杯都是实体的，获奖者只有在现场领取或利用邮寄的方式领取，但是由于时间和地理的局限性，很多获奖者并不能按时如愿领取奖励。但是 NFT 奖杯不仅可以即时送达，而且能在链上溯源、查询，解决了奖项造假的问题。

慈善、公益：加强捐赠者信任

在现实生活中，有很多人愿意为慈善、公益事业贡献一份力量，可是做了慈善、公益又如何证明呢？而且所捐献的资金、物品去向如何跟踪？这些问题一直萦绕在人们的心头。

如果将 NFT 技术应用到慈善和公益事业中，人们在捐赠之后会收到官方认证的慈善凭证证明和表彰他们的行为，并加强捐赠者和慈善机构之间的联系。

此外，NFT 技术也可以解决慈善基金不透明的问题，利于减少贪污腐败现象，增加人们对慈善机构的信任，从而激励更多人做出更多的善举。

票据：追溯偷税漏税行为

我们在前面提过的演唱会门票、体育赛事门票、旅游景区门票，都可以用数字藏品的形式发行。NFT 技术应用在发票上，不仅可以溯源查询，而且可以减少偷税漏税行为。另外，我们在前面就提到过，现实中的实体财产上链，以及在虚拟世界里的资产证明，都可以利用 NFT 技术。

总之，NFT 技术可能对我们的生活带来方方面面的影响，同时也能为我们解决很多难题。

第 5 章

用途及变现，挖掘数字藏品价值

社交展示，制作个人头像

2021 年，NBA 球星斯蒂芬·库里用大约 18 万美元，购买了一个穿着粗花呢西装的无聊猿 NFT，并将其设置成自己的推特头像。换完头像的库里心情不错，又急匆匆地跑去 NFT 社群中，发了一张模仿无聊猿表情的自拍。

这一动作引来了众多球迷的模仿，他们纷纷将自己的头像换成了无聊猿系列。短时间内，库里的球迷们化身"猴子军团"，而他就像是这个军团的"美猴王"。

与此同时，也有很多人不解。这个头像究竟有什么魔力，值得库里斥巨资购买？这些头像项目又是如何兴起的？

2021 年 8 月以来，国外图像类 NFT 项目就如雨后春笋般涌现，几乎每周都有新项目上线，或许从以下几个具有代表性的项目中，我们能找到一些答案。

头像鼻祖 CryptoPunks

CryptoPunks 属于早期的 NFT 头像项目，限量发行的 1 万个头像全部由算法生成。这一系列头像主要包含像素人物、外星人、僵尸及人猿四个种类，而且全是朋克风格，不仅有男女之别，而且项链、发型、肤色等也各不相同。

初期，用户是可以免费领取 CryptoPunks 头像的，后来随着 NFT 的流行，CryptoPunks 代表最早的加密艺术有一定的稀缺性，有很高的收藏价值，价格也就被炒了起来。其中，两个外星人头像最贵，成交价格高达近 8 万美元，持有者可以说是富豪。

无聊猿俱乐部（The Bored Ape Yacht Club）

The Bored Ape Yacht Club，共发行了 1 万个 NFT 猿猴头像。每个头像各具特色，拥有不同的表情、头饰和服装。

作为一种身份象征，只有购买了无聊猿头像的用户，才有资格加入无聊猿俱乐部。

在俱乐部里，用户可以享有专属的福利和产品。

堕落派猿学院（Degenerate Ape Academy）

猿的形象在加密创作圈里备受欢迎，除了无聊猿，还有一个叫堕落派猿学院的NFT项目。堕落派猿学院共发行了1万个猿类NFT，每个猿类的头发、嘴巴、牙齿、眼镜、衣服，都各不相同。同样，想进入堕落派猿学院，必须持有NFT通行证。只有获得了相应的身份，才能享受堕落派猿学院的玩法、工具和福利。

堕落派猿学院里有一个叫"蜡笔角"的空间，用户不仅可以在这里搞创作，作品还会由艺术家们评审，如果质量优秀，则可以进行曝光和出售。将来，堕落派猿学院里还会设置更多供用户学习、互动的空间。

胖企鹅（Pudgy Penguins）

Pudgy Penguins项目是由8888个形态各异的胖企鹅组成的，由于企鹅外形憨萌可爱，深受推特用户喜欢。这些企鹅有的围着围巾，有的戴着帽子，有的还戴着酷炫的眼镜。

这些可爱的企鹅头像发行不到一周就售罄，一度超过像素头像王者 CryptoPunks。

女性世界（World of Women）

World of Women 是首批以女性为主题的 NFT 项目。随机生成的 1 万个女性头像无论是肤色、发型，还是穿着和表情，每一个都独具特色。只有拥有女性世界 NFT 的人，才有资格进入女性世界俱乐部。女性世界俱乐部主要包含版税俱乐部、投资者俱乐部和策展人俱乐部等。无论是销售、投资和收购 NFT，只要在相关的俱乐部贡献价值，就会获得相应的收入。

人类和其他物种的虚拟实体 Animetas

Animetas NFT 作品以动漫为主题，有未来和复古两种风格，共发行了 10 101 个头像。Animeta 的创意来自一个设想——如果有一天人类无法在地球上生存，该怎么办呢？所以，开发者就打造了一个未来的虚拟世界 Animetaverse，里面有人类、僵尸、超级英雄、外星人等不同群体，这些头像 NFT 是进入这个虚拟空间的身份。

了解了这些项目的价值和功能后，我们逐渐明白，一张可作为头像的 NFT 图片背后还附带更多社交价值。

彰显个性、表达自我

从这些 NFT 项目中，我们可以看出，无论是无聊猿还是加密朋克，抑或是胖企鹅，每一个形象都独具个性，它们穿不同的衣服，拥有不同的表情和肤色，在这千千万万的头像中，总有一款契合我们的审美和个性。

我们之所以喜欢在社交平台上更换不同的头像，不正是因为头像能传达我们的心声，代表我们的心情，反映我们的态度吗？所以，社交平台上的头像，就是展现自我的窗口。

玩转社交，不同圈层的门票

无论是无聊猿俱乐部还是女性世界俱乐部，要想进入这个有趣的世界，就需要门票。所以，NFT 是进入某个圈子的通证，只有进去了，才能享受这里的福利，并和有共同爱好的人互动。

潮流玩家的超前理念

拥有一个 NFT 头像，从某种程度上能够说明，我们是走在时代前端、有超前理念的人。毕竟作为一个流行的新生事物，如果有人最早拥有它、宣扬它，至少说明他乐于接受新事物，甚至可能是这个方面的专家或代表。

佳士得拍卖行的 NFT 主管曾说："社交平台就是加密精英的领英（LinkedIn），想要证明自己是这方面的行家，没什么比使用一张 NFT 图片作为头像更有说服力。"

最后，不得不承认，在国外，拥有一件稀缺的 NFT 作品，也是一种财富上的证明。

一家名为 XMTP 的加密货币信息网络企业的联合创始人兼首席执行官马特·加里根（Matt Galligan）曾表示，NFT 成了某种身份的象征，有点像戴着一块高级手表或穿着一双稀有的运动鞋。

开发实体，打造衍生品

关于数字藏品和实体结合，不管是平台还是品牌、机构，大家都在积极探索。在我们看来，数字藏品是数字经济的一种表现形式，而数字经济的核心便是以虚促实，实现虚实相融，协同发展。

那数字藏品如何与实体相结合呢？数字藏品又如何促进实体经济呢？目前常见的形式有以下几种。

与实体产品结合，促进消费

我们在介绍音乐、体育、旅游等应用领域时，就提过数字藏品可以和实体门票相结合。在国外，利用数字藏品促进实体消费的模式已经非常成熟；在国内，也早已经有了成功的实践案例，比如电影《月球陨落》的首映仪式入场券就是以"电影票＋数字藏品"的形式向用户开放销售的。

丝绸品牌万事利，在发行"江南丝忆"国风系列数字藏品时，设定了购买数字藏品的粉丝可以自行选择定制实物商品，而且会获得与数字藏品相对应的链上唯一 AC 编码。

数字藏品通过与实体产品相结合，既能保证用户买到的产品是正品，又能有效促进用户的线下消费。

开发衍生品，满足粉丝更多需求

借助数字藏品开发衍生品，是目前比较流行的，也是比较行得通的方式。

数字藏品界最成功的 IP 衍生品，当然非无聊猿的衍生品莫属。这是由于无聊猿的创作团队允许购买藏品的人在全球范围内使用、复制和展示艺术品，以及基于用于艺术作品的衍生作品（商业用途）。因此，短时间内诞生了大量无聊猿的衍生产品，猿猴鞋、猿猴包、猿猴滑板、猿猴 T 恤……就连国内运动品牌李宁，也购买了编号为 4102 的作品，不仅将其印在 T 恤上打造了一系列产品，而且还在北京三里屯开设了无聊猿的快闪店。

无聊猿创作团队的独特之处，就在于让购买者们发挥创造力，扩大品牌影响力，甚至还对某些使用无聊猿 IP 的创业者给予一定的资助。

探索新模式，开展新玩法

一些动漫、潮玩 IP 在发行数字藏品时，也会附带实体的手办或玩具。为了吸引用户，增强用户的体验感，他们也会将附带的玩具设计得非常有创意，比如有的能像乐高一样拼出不同造型，有的带有某些奇异功能，以充分满足用户的需求。

粉丝经济，玩转数字藏品

除了关注区块链等相关领域以及关注数字藏品的人们对数字藏品有比较多的了解，普通大众可能觉得数字藏品和自己距离遥远。

但是如果你关注的歌手、球星，甚至喜欢的品牌都推出了数字藏品，你可能就会自然而然地加入这个圈子。就像我们在前面提到的文娱行业，发行的数字藏品之所以很快被一抢而空，很大程度上是源于粉丝们的支持。

因此，毋庸置疑，粉丝经济将在数字藏品领域中发挥很大的价值。那数字藏品又该如何与粉丝经济相结合呢？

开发粉丝，发行数字藏品

最常规、最简单的做法就是直接向粉丝发行数字藏品，歌手的音乐作品、画家的画作都可以直接制作成数字藏品，动漫类 IP 可以发行周边衍生品，篮球和足球明星可以发行球星纪念卡、球衣、球鞋、签名照等数字藏品。这些我们在前面都曾提过。无须多说，粉丝的黏性越高，购买力自然越强大。

另外，除了直接向粉丝发行数字藏品，还可以将数字藏品与实体或权益进行捆绑，给予粉丝更多的福利。2022年，日本配音演员花泽香菜在网易云商城发行了数字藏品 KanaChan 盲盒礼包。与之前只向粉丝们发售简单的藏品不同，花泽香菜给粉丝们提供了一个大礼包。礼包包括一款 KanaChan 主题形象数字藏品，还有限量手办，满足粉丝数字藏品和实体产品双重需求。据官方宣传，购买数字藏品的粉丝，还有机会成为花泽香菜 IP 的周边产品合伙人，可以共享销售分成。这款数字藏品一经发出，就引发粉丝们的追捧。

粉丝通证，人人都是俱乐部会员

就像我们前面提到的无聊猿、加密朋克、堕落派猿学院，都设有相应的俱乐部，只有持有数字藏品的人，才能享受俱乐部里的玩法、工具和福利。

目前，许多欧洲足球俱乐部也发行了粉丝通证，持有通证的粉丝可以参与球队的民意调查投票，通证越多权重越大。另外，他们还拥有免费门票、周边优惠及和球星见面的机会，等等。可以说，俱乐部为粉丝们提供了专属的圈子，有利于提高粉丝的凝聚力，同时加深了球星与粉丝们的关系。

花泽香菜发行数字藏品 KanaChan 盲盒礼包的活动，不仅仅是为粉丝提供个性化十足的数字藏品，同时在官网上建立了粉丝俱乐部，获取粉丝会员卡的人，可以享受花泽香菜专属语音、签名照及线下见面会门票等权益。此外还有两项更高级的权益，一项是粉丝可以享受特定月份的专属权益，另一项是利益共享，共同创收。

促进产品销售，带动粉丝二次消费

除了景区、博物馆、影院等，利用数字藏品和门票绑定，带动二次消费。品牌通过发行数字藏品，给予粉丝更多购物优惠，也能有效促进粉丝的持续消费。

比如，蒙牛推出的"三只小牛·睡眠自由BOX"数字藏品每个售价90元，共发行了2000份，在短短几分钟内就被抢完了。蒙牛发行的数字藏品之所以这么受欢迎，是因为给粉丝们带来了超额惊喜。

首先，每购买1份数字藏品，就能兑换三只小牛睡前30分牛奶1箱。其次，蒙牛采用了盲盒抽奖模式，如果抽到奖品，就能获得年卡1张，也就是送24箱牛奶。最后，如果集齐10份数字藏品，合成藏品后就能成为元宇宙专属会员，享有购物打折、生日送礼品和新品先尝的永久福利。

数字藏品绑定消费的方式，既给了粉丝充足的优惠权益，又促进了产品的销售，目前被品牌们普遍应用。

加强联系，给粉丝更好的体验

需要强调的是，粉丝经济的根本是为粉丝提供价值，一心想收割粉丝金钱却不为粉丝提供价值，这条路终究走不远。

就像我们前面提到过的，通过发行音乐类的数字藏品，音乐人可以和粉丝直接沟通，提升粉丝黏性。另外，蒙牛和花泽香菜数字藏品的发行，也给粉丝带来了更多福利，为粉丝提供超值的购物优惠和售后服务，使粉丝的消费体验大大提升。

在粉丝经济时代，用产品满足粉丝需求，赋予粉丝更多价值，是机构和品牌获得粉丝支持的根本方法。

信息透明，避免假货危机

2022 年 5 月 20 日，奢侈品品牌路易威登，因"专柜售假，法院判决退货并 3 倍赔偿"的新闻登上热搜。

事情是这样的。湖南省长沙市的一位女士在路易威登专柜购买了标价 18 700 元的手提袋一个。这位女士怀疑手提袋为假货，就将其送到权威认证单位进行了检测。结果显示，送检的手提袋不符合品牌公示的技术信息和工艺特征。于是，她以品牌涉嫌欺诈为由，向当地人民法院提起了诉讼。虽然路易威登专柜给出了多个理由反驳，但是并没有改变法院的宣判结果，这也使路易威登陷入了一次危机。

众所周知，在消费领域，关于售假、仿冒、维权的纠纷，时常上演。被无良品牌仿冒不仅会侵犯消费者的权益，更会损害品牌方的利益。那么如何更好地解决这些问题呢？

如果将 NFT 的特性运用在名牌产品，尤其是奢侈品上，

让消费者能对名牌产品溯源、查证，并将 NFT 作为名牌产品
的保证书，在某种程度上能解决各大品牌因纸质保证书产生
的各种问题，比如伪造、篡改、遗失，等等。

品牌商家入局 NFT，解决假货问题

奢侈品品牌之所以对 NFT 如此感兴趣，是因为它能解决
现实中的造假问题，尤其在奢侈品二手市场，产品可能经过
多次流转，消费者更担心买到假货。为了打消消费者在这方
面的疑虑，奢侈品品牌已经率先进军 NFT 领域。

2021 年 4 月，旗下拥有路易威登、迪奥、纪梵希等品牌
的 LVMH 集团，与拥有卡地亚、普拉达等品牌的 OTB 集团，
共同创立了 Aura 区块链联盟。这个区块链联盟创立的初衷是
将品牌的商品产地、商品经手过程等信息，全部记录在同一
个区块链上。虽然关于如何运用这个区块链，Aura 区块链联
盟并没有进行详细阐述，但是除了目前已知的能为商品的真
伪做担保这个功能，未来还会在区块链上记录商品的持有者。
如果这个功能真的实现，那么即使在二手市场上，也能很好
地确保产品信息的真实性。

2019 年，耐克向美国专利商标局申请了一款名为 CrytoKicks
的区块链运动鞋的专利并顺利获得。消费者可以通过虚拟人物

形象查看这双鞋的上脚效果，而且只要购买了 CrytoKicks，就能获得一双真实的运动鞋，并得到一个数字藏品。如果消费者转售了这双鞋，相应的数字藏品所有权也会一并进行转移。2021 年 10 月，为了更多元地应用 CrytoKicks，耐克又申请了可下载虚拟商品的专利。

借助这些技术，耐克能对售卖的运动鞋的所有权和真实性进行有效追踪，从而保证消费者购买的产品是正品而非仿制品。

购物平台用 NFT 认证商品

除了国际知名品牌在布局 NFT 市场，韩国的线上购物平台韩国新世界百货（SSG），也开始用 NFT 认证商品了。

2021 年 9 月起，SSG 利用 SSG GUARANTEE 将存储了产品序号、产品信息和保修期限内容的 NFT 证书，发送给在平台上购物的消费者。

尽管 SSG 目前只能用这种方式来消除消费者的疑虑，但是随着技术的不断进步，相信以后会有更便捷、更透明的方式出现。

出版、广告，带来被动收入

数字藏品的用途比较广泛，可是除了直接发售数字藏品，还有哪些变现方式？其他人能否利用它获取收入？相信自从数字藏品诞生那天起，很多人都有这样的疑问。

在国内，比较适用的有以下两种模式。

利用藏品，获取被动收入

被动收入是指无须花费太多时间和精力，也无须照看就能自动获取的收入。常见的被动收入有存款利息、房租收入、投资收益、知识产权收益、企业分红等形式。

在知识版权方面，拿音乐类的 NFT 来说，如果音乐版权单位或创作者在制定智能合约时加入了版权分红的功能，也就是允许持有音乐 NFT 的人，在歌曲后续的传播、播放时也能收到版税收入。这样的话，购买音乐 NFT 就像是长期投资了这个作品，只要音乐受欢迎，用户就能持续获利，而且并不需要售出这个 NFT。目前国外已在运行这种模式。

通过推广，赚取广告收入

国外的 NFT 项目在最初出现时团队能力有限，但又想快速获取市场关注，于是他们会拿出一部分预算，通过一些 KOL 的推广来提高项目的知名度。

因此，如果无法通过发行、售卖 NFT 获取收入，仍可以通过生产推广 NFT 项目的内容抽取提成。在国外，通过 Medium、Wordpress 网站发布文章，在 Instagram 上利用图文宣传，甚至是在 YouTube 和 TikTok 上发布视频引流，都是比较常见的推广、增收手段。

随着 NFT 市场逐渐壮大，发行的项目越来越多，和关键意见领袖（KOL）合作推广将是必不可少的操作。

当然，由于 NFT 属于新兴事物，对于才入局的内容生产者来说，未必一开始就有项目方找上门合作。所以在初期可以用插入链接的方式，为一些能获取佣金的项目引流。当发布的内容越来越有影响力时，就会有相应的广告方主动合作，这时也就能获取一定的广告收入了。

由于目前大多国内数字藏品平台合作的 IP 方比较有影响力，而且发售的数字藏品数量有限，因此多会引发抢购，可能暂时还不需要一些流量方参与。但是随着数字藏品市场的发展，可能后续也会用到这种模式，推动更多数字藏品的宣传和销售。

品牌营销，打造超级 IP

说到利用数字藏品打造 IP，就不得不提到无聊猿这个超级 IP 的崛起，虽然我们在书中很多地方都提过无聊猿的案例，但是没有从整体上对其进行详解。无聊猿的火爆为后来数字藏品的发展提供了范例，这个领域的很多玩法都是受了无聊猿的启发。

下面我们就以无聊猿为例，让大家感受下如何利用数字藏品打造超级 IP。

从一个财富自由的故事讲起

无聊猿的创意，是从一个关于财富自由的想象开始的。

在遥远的未来，有一群实现了财富自由的猿猴，它们有钱又有闲，穿着五颜六色的衣服，戴着各式各样的帽子及配饰，有的张着嘴，有的叼着比萨，有的抽着雪茄，总之神情、形态各异。

这群猿猴聚在一个酷似酒吧的房间里，里面挂着各种装饰，柜子里摆满了酒，吧台和地板上有些狼藉。而它们的娱乐活动，就是在浴室的墙壁上随意涂鸦。

关于神秘的幕后团队

这个项目，据说是由两个做艺术创意的人发起的。一位化名叫格格巫（Gargamel），另一位化名叫戈登·戈纳（Gordon Goner），直到无聊猿火爆之后，才有媒体爆出他们的真实身份。原来，格格巫是一位作家兼编辑，戈登·戈纳则是一名兼职交易员。

他们两人都是加密货币玩家，一开始一起赚过钱，但是后来又都赔了。2017 年，他们在以太坊上看到了加密朋克的头像类 NFT 后深受启发，于是便找来两位工程师朋友，组成了无聊猿的核心团队。而后又和插画师塞内卡合作，由她担任猿猴形象的设计和生成工作。

经过不断努力，这几个人终于在 2021 年 4 月，完成了10 000 只猿猴形象的创作。这些猿猴 NFT 作品于 4 月 30 日正式上线，没想到，不到一周就售罄了。

各界名人宣传、网红和 KOL 助推

后来，无聊猿引起了 NFT 收藏家普兰克斯（Pranksy）的关注，他开始为无聊猿做宣传。由此，无聊猿便踏上了爆红的进阶之路。

网友首先发现 NBA 球星库里，将自己的推特头像换成了

一个穿粗花呢西装的猿猴。而后，媒体爆出这个头像竟花费了他近18万美元。短时间内，名人效应为无聊猿带来了很高的热度，甚至还有媒体列出了一份明星购买无聊猿NFT的名单，里面有篮球明星奥尼尔、足球巨匠内马尔、歌手埃米纳姆。

接下来，环球音乐集团挑选了4只猿猴形象成立了猿猴超级乐团，还根据其二维形象制作3D模型，让它们在虚拟空间和真实场景中表演。音乐杂志《滚石》也为其做了NFT数字封面。

就这样，在众多名人和媒体的带动下，无聊猿彻底火了。

当然，除了名人效应的加持，无聊猿背后还有专业的营销公司，为其寻找加密圈的达人和KOL，在社交平台上紧锣密鼓地宣传。

2021年，世界著名拍卖行苏富比和佳士得公开拍卖无聊猿NFT，最终分别有人以2620美元拿下了101只无聊猿和101只宠物狗，以及以总价280万美元买下了4只无聊猿。

这一事件虽然引发了人们的质疑，但是并不影响无聊猿的出圈。而后，更是引来了投资者和商业人士争相购买。

生态系统：俱乐部、官网特权

除了无聊猿本身的话题性和吸引力，更重要的是其背后团队的运营能力。

我们在前面就提到无聊猿团队打造了一个俱乐部，只有持有无聊猿 NFT 的人才有资格加入，而且在俱乐部里可以享受一些专属的福利和产品。

这些购买无聊猿 NFT 的人，马上形成了一个圈子。无聊猿团队趁热打铁，迅速扩展了生态系统。

无聊猿团队认为，只有一个无聊猿俱乐部太过单调。所以在两个月后，他们又打造了一批宠物作为无聊猿的同伴。这 10 000 个宠物同伙 NFT，无聊猿犬舍俱乐部，每个无聊猿的持有者都可以免费获取一份。

2021 年 8 月，无聊猿团队又推出了变异猿游艇俱乐部，这些变异猿是由无聊猿的基因突变而成，具体分为 M1、M2、M3 三个等级，等级越高越稀有。后来，他们又推出了虚拟土地 Otherside，而且发行了代币。

就这样，一个"猿宇宙"诞生了。

版权玩法：开启授权新商业模式

无聊猿之所以能成功，是因为其团队打造了独特的商业变现模式。

无聊猿团队允许持有者对 IP 进行再设计和创造，并将其

用于商业。只不过每次流转产生的利益，都要按售价的 2.5%
分给无聊猿团队。无聊猿团队希望这个 IP 不断流通，因为只
要有流通，他们就会有收入。而这点也正是他们与加密朋克
最大的不同。加密朋克不允许持有者商用 IP，因此，购买的
人只能自己使用。

不过，现在加密朋克已经被无聊猿团队收购了，持有者
以后也可以将加密朋克用于各种商业场景。

目前，无聊猿在商业上取得了巨大的成就。它不只是一
张张在社交媒体上广泛传播的图像，而是形成了一个 IP 生
态。更确切点，无聊猿更像是利用区块链技术，在 NFT 应
用场景下打造出的一个超级 IP，而且走出了一条特有的
"NFT+IP"的商业变现路径。

当然，相比屹立多年的迪士尼、漫威等 IP，无聊猿尚且
年轻，而且它究竟能红多久也是个未知数。不过作为经济形
态下的新探索，无聊猿 IP 的崛起，还是能给我们很多启示。

第 6 章

五大方面，成功发行数字藏品

提前扫盲，熟悉数字藏品标准

我们在前面介绍过，目前数字藏品有两种发行方式，一种是通过 UGC 平台，即用户原创内容的平台，比如唯一艺术、Bigverse 都是允许用户自己上传作品，并进行铸造和售卖的。另一种是通过 PGC 平台，即专业生产内容的平台，像鲸探、数藏中国等，有一定实力机构或创作者，才能在平台上发行数字藏品。

如果是 UGC 平台，无论是作品要求还是铸造流程都要简单很多；如果是 PGC 平台，相应的标准和流程就比较复杂了，头部平台对数字藏品的选择更为严格。下面我们就针对人们关心的几大问题一一进行解答。

什么样的 IP 更容易在 PGC 平台发行数字藏品

从理论上讲，有好作品的知名艺术家或知名机构，比如博物馆、游戏厂商、音乐人、影视机构、品牌方等，都可以发行自己的数字藏品，只不过头部数字藏品平台的标准比较高（见表 6-1）。

表 6-1　头部平台的数字藏品类别和标准

非物质文化遗产	国家级或获国家级以上的证书等非物质文化遗产
文物	国家级博物馆、国宝级文物、在同类文物中有较高的交易记录
文旅	5A 级景区、国内知名景点、拥有深厚历史文化的景点
动漫、影视	行业内 TOP10 影视、动漫
品牌	行业内 TOP5、国际奢侈品

不难理解，头部数字藏品平台主打合规，更重视作品的收藏价值，自然偏爱知名度高、流量大、顶流级别的 IP。不过，我国数字藏品平台众多，如果作品优秀，也能找到不错的平台合作。

作为发行方，如果自身不是 IP 创作者，一定要得到 IP 方的授权；如果是文物类的数字藏品，还要有权威机构提供的鉴定证书和刊物背书。

接下来，可能还有一个大家十分关心的问题，那就是——

发行数字藏品会投入多少成本？收益又应如何分配

目前，发行数字藏品的成本，主要集中在以下两个方面。

（1）创作成本。

比如，有些IP要根据产品设计重新绘制插图，有些则需要在技术层面进行二次创作，比如文物类的数字藏品可能会需要3D建模。

（2）上链的Gas费，也就是矿工费[⊖]。

在国内这个费用很低，一般按发行的份数收费，一份藏品只收取几元。

除了这两个方面，发行数字藏品还有很多隐性的成本，比如营销费用、社群运营费用，等等，这些都会因IP本身的资源和活动大小有所差别。

和平台的分账时会因为平台、自身IP的不同有所差异。不过有些平台在发展初期，为了争取能与更多、更优质的IP

⊖ 从技术上来讲，区块链上的所有节点都是需要维护的，而且发生的每一次交易都由"矿工"来完成，因此要向他们支付一定的报酬。Gas费在国外需要用虚拟货币来支付，而在国内则用人民币。

合作，会在分成上有所让步。

我们在前面提到过，很多平台为了获得更多的用户，发行高质量藏品，都会主动邀请一些知名IP或机构，但是身为创作者，也可以主动找平台合作。

如何获取平台的联系方式

除了一些熟人牵线介绍，细心的人会发现，其实大部分数字藏品平台，都有商务合作的入口。

比如数藏中国的微信公众号数藏科技数字藏品平台或App上就留有邮箱，需要的人可以直接发邮件联系。鲸探则需要在官网上先填写表单。具体的操作方法是：拉到网页最下方，就可以看到"鲸探数字藏品合作申请"的字样，然后直接点击"立即申请"，则会弹出一个信息采集的表单，按照要求填写内容，如果条件符合，则会有工作人员来主动联系你。

如果确定了和数字藏品平台开展合作，那么在藏品上链发行前，还要提供一些素材，这些素材都有严格的标准。由于所发行的数字藏品形态不一，常见的有图片、视频、音频等形式，而且国内藏品平台众多，因此在素材的格式和大小要求上也会有所差异，这些在和平台合作的过程中，平台方自然会提供各类标准。

另外，除了要提交数字藏品本身的展示图片或视频，平台也会要求 IP 方提供相应宣传海报、作品详情页及源文件等资料。

以上是发行数字藏品需要了解的一些基本信息，如果涉及具体的实践环节，还需要掌握更多更详细的知识。

多方参与，承担不同职能

不管是在哪个平台上，我们随便点开一个数字藏品，都会在藏品简介里看到授权方、发行方、版权方等信息，这些内容基本交代了数字藏品发行的参与方，同时也说明了版权的归属问题。

一般来说，数字藏品从开始发行到购买结束，会涉及以下参与方：授权方、版权方和原作品所有方，数字藏品发行方，数字藏品制作方，数字藏品平台，数字藏品购买方。

数字藏品平台

数字藏品平台作为连接创作者和购买者的桥梁，提供信息发布、所有权转移、藏品确权、藏品销售等服务。

授权方、版权方和原作品所有方

我们在藏品简介里经常会看到授权方、版权方、原作品所有方等表述，不太了解的人可能会一头雾水，那它们有什么区别呢？

其实，由于平台不同，所面临的版权情况不同，在叫法上也会有所差异。

授权方，是指授权或允许数字藏品铸造成数字藏品的个人或机构。

版权方，是指拥有该作品版权的个人或机构。

原作品所有方，是指数字藏品所对应的原创作者或机构。

一般列出原作品所有方，大多是因为虽然原作者创作了作品，但是出于某些原因，这个作品的版权卖给了其他机构，不属于他自己。

授权方和版权方意思相差不多，都是版权所有方，之所以有时写明授权方，是需要特别说明某些情况，比如鲸探发行的王肇民的作品《城廓巷陌》，因为原作者王肇民已过世，所以特意说明由王肇民家属王越提供授权。

数字藏品制作方

数字藏品制作方是指提供铸造数字藏品服务的个人或机

构。因为在大多数时候，原作品所有方或版权方是专业的作品创作者、收藏者或机构，并不具备铸造数字藏品的技术，因此，在发行数字藏品的过程中，需要专业的第三方提供技术服务。

数字藏品发行方

数字藏品发行方是指获得版权方或原作品所有方的授权，将原作品铸造的数字藏品进行销售，并获得销售收入的个人或机构。

在实际情况中，以上参与方并非全部出现在数字藏品的整个发行过程中。比如数字藏品制作方和数字藏品发行方很有可能是一体的，也就是数字藏品发行方承担了制作数字藏品的工作。甚至有些数字藏品平台直接与版权方或原作者合作，提供制作和发行数字藏品的技术服务。

于是，数字藏品从发行到销售，涉及的参与方就被简化为原作品所有方、数字藏品平台和数字藏品购买者了。

对于开放度比较高的平台，原作品所有方可以直接在平台上注册成为数字藏品发行方，并不需要授权给第三方发行，如早期的 NFT 作品加密猫，它的发行方本身也是原作品所有方。

注意版权问题，避免纠纷

在发行数字藏品时，我们应该注意哪些版权问题呢？

实体作品，要尤其谨慎

对于有实体的作品，应该更为谨慎。一是这类作品可能之前就发生过版权交易，目前版权的归属情况并不明确；二是如果原作者没有版权意识，则可能会在多个平台铸造发行同一个实体作品的数字藏品，尤其是在允许个人发行数字藏品的平台上，这种情况更容易出现。

比如，小张有个家传瓷器，属于稀世珍宝。于是他在某平台上发行了这个瓷器的数字藏品；后来他又跟机构合作，对这个瓷器进行了铸造销售。这对以前发行的数字藏品就造成了价值上的稀释，对购买者来说十分不利。

那怎么做才能杜绝这种事情发生呢？难道要把这个瓷器销毁吗？我们在前面讲过，国内艺术家冷军的画作《新竹》铸造成数字藏品后将原作销毁，其实就是为了消除版权隐患。不过对于小张来说，销毁家传瓷器，可能就不太现实了。

线上作品，也可能存在争议

曾经发表过的线上作品，如果用来做数字藏品，也可能引发版权争议。

比如，某两位歌手发行数字藏品时就遭到了曾经的经纪公司的反对。因为他们发行数字藏品所用的图片和音乐都是之前发行音乐作品时的素材，而且在过往的版权协议中，并没有对数字藏品这种新事物内容做出说明。

当然，避免版权纠纷的最好办法就是使用全新的、未授权的和未商业化的作品。

总之，在发行数字藏品前，要解决的一个很重要的问题，就是确定好版权归属。不仅如此，版权的相关细节最好都写进合约里，这样即使以后发生纠纷，也能出示明确的证据。

版权授让范围，也要提前商议

除了要与合作方商定版权归属问题，还要讨论版权授让的范围。同样是发行数字藏品，加密朋克和无聊猿两者赋予用户的商业权利并不同。

无聊猿之所以更成功，是因为购买无聊猿头像的人除了收藏、展示作品外，还能利用 IP 打造各种衍生品。比如，拿无聊猿头像设计 T 恤、马克杯、运动鞋等。无聊猿用这种 IP 商业权利共享的方式，赢得了更多用户的喜欢，自然发挥的价值也更大。

总之，版权问题是发行数字藏品时应重点关注的问题，无论是发行前的版权归属问题，还是发行后的版权授让范围，都要明确说明。

掌握流程，发行数字藏品

我们以国外的 OpenSea 为例，简单说明发行数字藏品的流程。

准备作品→打开 OpenSea →注册时导入钱包 MetaMask[⊖]→生成钱包地址→创建完成，铸造作品→添加作品名称、链接、描述→创建成功、设置销售方式→交矿工费→签名完成，上架成功。

需要说明的是，在国外发行数字藏品时，要提前开通 MetaMask 钱包。这个钱包是用来管理以太坊上的所有数字资产的，包括加密货币及数字藏品等，也可以防止账户被盗。

我们在前面提到了，在国外很多平台，用户可以自主发行数字藏品，只要借助技术手段进行简单审核，自行负责。国内大多是平台和知名 IP 或机构合作，且以平台为主导，在

⊖　OpenSea 上最受欢迎的钱包，昵称小狐狸钱包。

发行数字藏品前，平台负责审核作品的质量及是否符合主流价值观，因此，在流程上会相对复杂一些。那么具体有哪些流程呢？下面我们就来看一下。

第一步：筛选数字藏品平台及区块链

我国数字藏品平台众多，因此在发行数字藏品前，一定要做好筛选工作。一般情况下，尽量优先选择头部平台。

（1）知名头部平台，比如鲸探等数字藏品平台，不过，这些平台对 IP 要求比较高，如果自身实力够硬，可以一试。

（2）有央媒背书的平台，像新华数藏、灵境·人民艺术馆，这种平台一般比较值得信任。

另外，也要根据自身情况和平台优势进行综合考虑。比如，有些 IP 方本身就比较看重平台玩法和藏品流转速度，可能在选择平台时就比较偏爱玩法较多、流转较快的平台。

除了选适合的平台，还要选对区块链。目前，虽然国内大多数平台所用的区块链是联盟链，但是也有很多平台使用私链鱼龙混杂，因此，在选择区块链方面也要注意。

（1）选择合规、安全的区块链，尤其是在国家互联网信息办公室备案名单中的区块链。比如腾讯联合外部生态伙伴发布的区块链开放平台至信链、数藏中国所用的文昌链。

另外，出于私钥管理安全考虑，国内的私钥大多由平台中心化托管，如果有国家机构的背书会相对比较安全。有些区块链没有在国家互联网信息办公室备案，可能会存在一定的风险。

（2）尽量避免选择不知名的私链，否则可能随时面临平台倒闭的风险。私链是指仅对个人或实体开放的区块链，一般只在私有组织内部使用。有些平台借着数字藏品大火的时机，随便用几台电脑创建了几个节点，就声称自己用的是区块链其实不然。遇到这种情况一定要谨慎。

第二步：确定数字藏品平台，进行初次洽谈

选定数字藏品平台后，就要和平台进行初次洽谈了。

一般初次洽谈是大致了解彼此的过程，比如IP方自身的影响力、资源优势，平台方的特色、以往发行的藏品和要求，如果双方都比较满意，则可以进行合作意向登记。

第三步：项目策划，商定款式、数量、玩法

登记完合作意向，接下来就该基于IP特性，商定数字藏品的款式、数量、定价、玩法了。

不难理解，既然是发行数字藏品，就一定会沟通藏品的

内容、款式，以及配合什么玩法。如果是以馆藏作品为内容主体，平台方肯定会优先考虑博物馆里较大的 IP，而在展现形式上，是选择二次创作还是 3D 建模呈现，这些也要提前商定。

发行数字藏品时采用什么玩法？是以盲盒还是用多个数字藏品合成的形式发售？这些都直接关系到后面的藏品制作。当然，发行的数量与数字藏品的稀缺度密切相关，定价也直接决定了用户的参与积极性，这些在前期也要沟通好。

此外，平台方要确认作品的版权情况，如果版权的归属不在原作者手里，需要找哪些合作方授权，这些都要提前谈好，以免产生纠纷。

第四步：正式执行，完成藏品的设计和制作

和平台方谈好合作的相关事宜后，接下来就要基于 IP 特性和用户喜好正式创作数字藏品了。

有的 IP 方为了发行数字藏品会进行全新创作，比如绘制新的画作；有的则是在原有 IP 的基础上，进行二次创作，比如将静态的作品制作成动态的；还有的则是直接将原作品实物进行扫描。不同的创作方式，可能会投入不同的时间和成本。

第五步：确定合作模式，进行商务签约

既然是双方进行合作，就要确定具体的合作模式，商谈好费用分成。如果没什么大问题，双方可以签订发行协议，同时IP方向平台方提交IP版权证明和发行授权等资料。比如，关于IP的背书、所有权证明、鉴定证书等，都可以作为相关的资料。

第六步：做好发行准备，策划营销预热

在正式上架数字藏品前，平台方要确定最终的发行策略，再次确认玩法、数量及权益问题；同时整理发行材料，确定宣发素材，做好发行前的准备。此外，数字藏品的主图、详情页、海报、首页轮播图、赋能物料，都要准备好。

这时，可以同步准备营销预热事宜了。在这个社交媒体时代，大部分事物的爆红都离不开营销的推动。因此，如果条件允许，IP方也可以策划一些营销活动，争取给数字藏品带来更多的曝光和热度。

第七步：确定发行排期，明确发行计划

接下来就该正式确定数字藏品的发行排期了。其实在前期的洽谈中，双方也会初步商定发行时间。因为各大平台会

与很多 IP 方合作，平台会针对项目特色进行排期，有些大平台时间比较紧张，项目已经排了两三个月了。

确定了数字藏品的发行排期，就可以发布藏品预告和发行公告了。

第八步：正式发行藏品，开展营销活动

IP 方将文件交由平台方，由平台方铸造并上架数字藏品，同时开展预售活动。同时也可以开展自己的营销活动，如媒体宣传、社群运营、产品销售等，至发行结束。如果销售数据比较好，在预售活动完成之后，IP 方可以再进行一波营销。

第九步：进行项目结算，持续运营项目

在项目结束之后，平台会根据实际销售情况，给 IP 方结算收益。

另外，即使发行数字藏品这个项目结束了，双方还是要履行承诺，对社群进行持续运营。

玩法、社群、营销，同样重要

目前，IP 方发行数字藏品，并不只是为了销售数字藏品，

可能背后还附带其他目的，比如宣传 IP、连接粉丝、甚至是销售实体产品，等等。我们一再强调，一个数字藏品发行得成功与否，不仅与 IP 的影响力、藏品质量及发行数量有关，同时平台玩法、社群运营及营销配合也至关重要。

玩法越吸引人，用户越想参与

数字藏品平台为了提升用户的参与度，会在发行数字藏品时设置各种玩法。比如以盲盒的形式发行数字藏品更能激发用户的好奇心，引发用户抢购；引入多个数字藏品合成的玩法，用户通过收集数字藏品，有机会合成价值更大的数字藏品，有效提升参与度。当然，除了盲盒、合成的玩法，平台为了奖励用户也会设置一些福利，关于这些，我们会在后面详细讲述。

附赠权益，激发用户购买力

除了在玩法上提升用户的参与度，平台和 IP 方赋予的权益也能激发用户的购买力。有些平台会推出购买数字藏品赠送抽奖机会的权益；IP 方为了激活线下消费，也会附赠实体权益，比如有文旅机构推出"购买数字藏品，终身免费畅游"的权益，有潮玩品牌推出"购买数字藏品，送实体玩具"的权益。这些带附赠权益的数字藏品，肯定比普通的产品更容易吸引用户。

激活社群，配合数字藏品发售

社群已成为数字藏品爱好者的集聚地，同时也是评判数字藏品平台力量的潜在标准。

国外的 NFT 项目多是在公链上发行，社群多是由项目方组建。通常情况下，项目方通过在 Facebook、Twitter 等社交平台上公开宣传，然后以社交软件 Discord 作为社群根据地，在上面发布信息并进行推广。由于国外的数字藏品大多是个人或机构自主发行，为了数字藏品的成功运作，他们会更加重视社群的力量。

国内的社群多由平台牵线组建，例如数藏中国会直接在官网或 App 上设置加入官方社群的入口；平台也是以运营用户群的角度，在群内发放通知、演化项目、维护关系等。目前，国内的社群组织大多集中在微信和 QQ 两大社交软件上。

在国内，IP 方也会组建相应的社群，比如有些 IP 方本身就有自己的粉丝群，为了配合数字藏品的发行，它会在社群里开展相关运营活动。此外，还有无数个由用户自己创建的数字藏品社群。

不管是哪种形式的社群，如果能将它有效活跃起来，配合数字藏品的发售，一定会取得很好的效果。在配合数字藏品发售上，相关负责人可以在社群及时预告、展示数字藏品，耐心解答用户们的疑惑，在数字藏品发售之前做好动员工作。

做好预热，为数字藏品发售引流

任何营销事件的发酵都讲究先声夺人，预热原本属于营销范畴，但在数字藏品领域这个动作尤为重要。

数字藏品的预热活动，一般包括短视频预热、公众号预热，以及社群预热，等等。成功的预热活动，不仅能为数字藏品带来话题热度，还会为销售引来更多流量。2022年，奈雪的茶屡次因元宇宙、数字藏品等话题，引起人们的广泛关注。

营销推广，全面扩大藏品声量

除了重视预热环节，IP方还要配合一定的营销活动，做好多矩阵延展。例如，如果这次数字藏品发行捆绑了实体产品销售，IP方不仅可以在自己的微信公众号、微博上宣传，同时还能利用短视频平台，联合头部、腰部、尾部达人，一起做推广。

另外，数字藏品发售完并不意味着这项工作的结束，我们经常会看到"××藏品秒罄！多人抢购"等文案，其实这都是IP方在数字藏品售罄之后，利用图文或短视频所做的营销宣传。

总之，利用短视频、图文等形式，在微博、微信、抖音等社交平台上进行多方位组合营销，无论是对数字藏品的发售，还是对IP的宣传，甚至是实物的转化，都能起到积极的作用。

我们以2022年6月6日时数藏中国联合著名工笔画家王喜俊发行的丝绢画作《百福图》为例。王喜俊是当代著名的工笔画家、中国书画院副院长、中国美术家协会会员，她创作的《百福图》堪称艺术瑰宝，画中的小猪、锦鸡、柿子、葫芦、苹果、牛等都有很好的寓意，是非常值得入手的稀缺性藏品。

以《百福图》为IP，数藏中国共发行了5款盲盒、总量为20 000份的藏品，每份藏品定价29.9元，具体包含5000份片段1号、5000份片段2号、5000份片段3号、4000份片段4号和1000份创作照（见图6-1）。

在玩法设定上，本次发行采用"盲盒＋合成"的方式，因为分别发行了5000份片段1号、5000份片段2号、5000份片段3号、4000份片段4号，所以最终可合成4000份完整版《百福图》(见图6-2)。

图6-1 《百福图》系列数字藏品

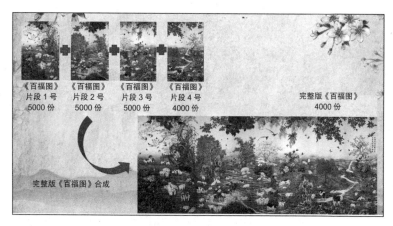

图6-2 《百福图》合成玩法1

同时，4000份完整的《百福图》和1000份创作照，又可以合成1000份装裱版《百福图》(见图6-3)。

平台给用户带来的福利也非常吸引人。

图6-3 《百福图》合成玩法2

（1）持有装裱版《百福图》和完整版《百福图》的用户，可免费参观所有王喜俊参展的线下美术作品展，邀约购买王喜俊成品画作或定制画作时享有一定的价格优惠。

（2）持有装裱版《百福图》的用户，能以"联合发行人"的身份参与后续发行的王喜俊相关项目，并享受包含数字藏品空投在内的多重福利。

（3）购买王喜俊实物作品或持有特殊编号数字藏品的用户，也能享受相应的空投或回购藏品折扣的福利。

在完成数字藏品创作和玩法、福利设定后，数藏中国又在高质量的社群中进行预热和营销活动支持。

比如从2022年5月31日起，数藏中国就推出发行预告并征询创世群意见；6月1日，在社群中发布发行说明和项目白皮书，同时在有赞开启抽奖活动；而后又积极调动社群，并在腾讯会议做发行路演等。总之，各种社群活动一直持续到数字藏品发行结束。而且从 6 月 1 日起的 7 天，数藏中国开启了全网的预热宣传，不仅在数藏中国官方账号上连续发布推文、制造热度，还在多家媒体平台投放，并与多名大咖合作，最后实现了千万级曝光量、万人抢购、藏品秒罄的良好效果。

第 7 章

四大要点，入手优质数字藏品

掌握平台玩法，轻松入局

前面讲了数字藏品的基础知识、应用场景、用途变现，以及发行步骤，那么如何购买数字藏品？又该如何评估数字藏品？这个过程中有哪些注意事项呢？

在解答这些问题之前，我们先要了解的是平台的各种机制和玩法，比如创世、盲盒、空投等，这才算是过了数字藏品圈的初级门槛。

创世

平台在建立之初，为了尽快获取用户，会推出创世的玩法。创世勋章会有一定的等级，对应各种福利和权益。一般老用户拉到的新用户越多，等级也越高，相应地获取的福利和权益也越多。

在这些权益中，最吸引人的就是优先购，也就是在发行新的数字藏品时，拥有创世勋章的用户，可以先于其他用户购买。不仅如此，有些平台还会向这些用户发放实物奖励，比如印有数字藏品图案的 T 恤等。

一般情况下，大平台的创世权益比小平台少，也相对简单。有些小平台为了快速崛起会给用户们很大的创世福利，但这种情况也未必是好事，用户们要学会辨别，避免日后踩雷。

几乎所有平台都设置了创世的玩法。当然，掌控好平台创世勋章的数量及权益，对平台运营来说也至关重要。

空投

空投是指平台针对满足一定条件的用户，免费或以很低的价格，将数字藏品发放给用户的一种手段。

有些平台会将空投作为一种拉新手段，如果用户拉到了新用户，就会获得抽奖机会，拉到的用户越多，抽奖机会自然也越多。抽到了空投的名额，就会获得相应的数字藏品。

不限量领取

不限量领取是指平台没有明确规定数字藏品的数量，只要是满足条件的用户都可以免费领取。这种玩法一般是针对新注册用户或作为节日的福利活动等，通常通过这种方法获取的数字藏品不可以流通。

限量抢购

限量抢购是目前大部分平台采用的模式，也是很多平台重要的盈利方式。具体做法是根据数字藏品本身和平台实力发行一定数量的数字藏品，一般在上百份到上万份，然后让用户来抢购。

数字藏品的发行量设定一定要合理，不然发行的数量多了，数字藏品可能会卖不完，平台的信誉也会受影响；如果数量过少，又会遭到用户的抱怨，用户的怨气积累到一定程度，甚至可能会放弃平台。

白名单 / 优先购

很多数字藏品平台在发售数字藏品前会设置白名单机制，如果用户完成了平台的指定任务，就会被列入白名单中，这样在后续购买数字藏品时就拥有一定的优先权益。因此，白名单常和优先购联系在一起，即被列入白名单的用户不用和普通用户拼网速、比手速，可以在数字藏品公开发售的前几分钟或前几小时优先购买。

一般来说，优先购的可购数量是小于发售数量的。假如数字藏品本身比较稀缺，那么拥有优先购或白名单资格的用户有巨大优势。

权益购

权益购属于优先购的一种，一般是因为用户拥有指定数字藏品或满足了某种条件，从而获得了优先购买某个数字藏品的资格。另外，有些平台出于增加流量和曝光量的考虑，也会将权益购的权利给予朋友圈集赞或自发推广的用户。

优先抢

优先抢是指用户在数字藏品公开发售的前几分钟或前几

小时拥有优先抢购的资格。持有优先抢权益的用户数量可能会大于数字藏品发售量，因此，即使用户有这个资格，也未必抢得到。

盲盒

盲盒也是很多平台常用的玩法，一般是在用户进入留存阶段后，平台为了吸引用户、提升抢购的娱乐性设置的。喜欢潮玩手办的朋友们，估计对这种玩法十分熟悉。

用户在抢购之前，并不知道盲盒里装的是什么，只有在打开的那一刻才知道最终结果。这种玩法能激起用户的猎奇心理。

平台一般会将盲盒设置成不同的等级，里面包含不同稀有度的数字藏品，价格相差也比较悬殊。盲盒的等级设置十分考验平台的策划功力。

合成

很多平台会将合成玩法与盲盒搭配在一起。比如，用户在购买或收到空投的盲盒之后会开出不同的数字藏品，这些数字藏品不仅具有盲盒属性，而且可以几款合成一份更稀缺的数字藏品。不过，在新的藏品合成出来后，之前的藏品就会自动销毁[⊖]，合成的藏品具有更大的价值。

由唯一艺术发行的《唐宫夜宴》牡丹云游记系列盲盒数字藏品共有 5 款，每款藏品各有 1000 份。用户只有将这 5 款藏品集齐后，才能合成一份价值更高的"唐宫夜宴牡丹云游记"数字藏品。

用户凭借合成之后的藏品可以获取更多优先权，如享受平台空投藏品或其他福利。比如唯一艺术推出的"中秋隐藏款嫦娥"数字藏品，在用户合成嫦娥之后，会获取优先购、红包奖励、线下活动门票等一系列福利。

一般有转赠功能的平台或开设二级市场的平台，都会设置合成的玩法。

抽奖

抽奖很好理解，是指用户在满足一定条件之后，比如点赞、拉新等，就可以抽取相应的数字藏品，也可能是抽取优先购的资格。抽奖的玩法很常见，大多数平台都会采用。

⊖ 销毁，就是将发行的数字藏品废弃。现实中，销毁数字藏品多是出于两种情况：一种是发行的数字藏品没有销售完，这时平台会将剩余的藏品销毁掉，以提升已售出藏品的价值；另一种则是基于合成的玩法，由于最后合成的藏品具备更大的价值，因此在完成合成任务后，将用于合成的几份藏品销毁。

助力

数字藏品平台的助力玩法比较常见的方式是，用户通过点赞、邀请好友，可以领取空投藏品或盲盒藏品。用户助力的目的很简单，就是提升中奖概率或获取抽奖名额。

通过助力，平台得到了推广，用户也得到了一些权益，从结果来看是双赢的。目前鲸探、百度超级链都有助力的玩法。

积分

用户通过拉新、签到、购物、点赞等形式获取积分，这些积分可以兑换某些权益，比如优先购、优先抢，等等。

打榜

打榜是指用户为了提升自己在数字藏品平台上的榜单排名，通过完成平台的指定任务，获取一定的权益和奖励的行为。一般情况下，榜单会按照用户的藏品数量、消费金额、拉新人数进行排名。通常榜单设置的奖励也非常诱人。

赋能

赋能是指购买一款或一套数字藏品后，会被赋予一些其他的权益。这种权益不仅包含优先购、空投等线上权益，可能还有免费参展、消费折扣等线下权益。赋能使数字藏品的使用维度大大扩展，同时提升了数字藏品的价值。

数藏中国在 2022 年 5 月 18 日发行的"汉代四神瓦当"3D 盲盒，就允许拥有创世勋章和纪念章的用户提前购买。对于集齐 4 款藏品的用户，则给予兑换博物馆门票和四件套数字拓片，甚至获得红包奖励的福利。

寄售

为了促进数字藏品的流通，有些用户在购买数字藏品后，会利用寄售的方式重新售卖藏品。

拍卖

除了公开发售的模式，平台还可以通过拍卖的方式售卖数字藏品。这种模式不需要用户争分夺秒抢购，在规定时间内参加竞拍即可，最后只有出价最高者才能购得。所以，只有倒计时结束，用户才能确定是否购买成功。另外，只有具备拍卖资质的平台才能开通拍卖功能。

置换

除了转赠、寄售、拍卖等功能，有些平台也开通了置换专区，即用户可以用自己已购的数字藏品置换其他用户的数字藏品。比如用户可以用 5 个价值较低的数字藏品，兑换一个价值较高的数字藏品，与合成玩法不同的是，置换后的数字藏品不用销毁。

当然，以上玩法并不是单一的，为了激发用户兴趣，平台会进行自由组合。比如，平台可以给拥有创世勋章的用户空投某些数字藏品，然后通过盲盒的形式发售，同时配合合成玩法，给予用户更多权益。

谨慎评估，数字藏品项目与价值

国内外市场在底层链、模式及监管政策方面存在十分大的差异，评估数字藏品的方法也有所不同。

评估国外数字藏品时，首先要通过路线图[⊖]了解这个项目是做什么的、发展方向如何。一般每个项目的路线图都会在

⊖ 在国外，路线图是用户入手数字藏品之前重点考察的内容，它在某种程度上反映了项目方的规划及运营能力。不过，并不是所有项目都需要路线图，路线图只是帮助用户了解这个项目而已。

官方平台公布。

国外数字藏品的用途主要有以下三种。

（1）收藏、社交展示。

（2）开发实体衍生品。

（3）进入元宇宙的身份证明。

因为用途不同，自然考察的重点也不一样。

（1）用作收藏、社交展示，就要重点考察视觉质量及背后设计团队。

（2）用于开发实体衍生品，就要重点关注版权的授权范围。

（3）用作进入元宇宙的身份证明，则要看项目方的资金是否充足，有没有相关的游戏经验。

在评估数字藏品时，还要注意以下几个方面。

平台实力，要重点考察

国内数字藏品平台众多，不仅有大厂旗下的鲸探、百度超级链，还有各种基于公链的平台。除了看平台背景，用户还可以通过平台官网、已发布藏品、用户评价等方面判断平台的综合实力。需要提醒的是，对于一些不正规的平台，用户一定要谨慎选择，否则平台关闭了，受伤的可是用户。

国外平台大多基于公链，不过不同平台特色也不尽相同，因此用户也会根据平台实力做初级判断，只不过大家比较常用的还是 OpenSea。

藏品本身，价值各异

对平台做了评估，接下来就要看藏品本身了。藏品视觉效果如何，画风怎样？属于文物还是潮玩？做工是否精细？一个加入了 3D、动画、特效等技术的藏品，自然价值也会提高。

对于文物、书画类的数字藏品，用户还需要了解一些背景知识。数字藏品的 IP 热度也是评估的重要因素，IP 热度越高，抢购的用户也越多，收藏价值也越大。这点在国外市场表现更为明显，一些热度高的藏品售价非常高。

创作者、背后团队，关系重大

一款数字藏品受不受欢迎，与它的创作者及团队有很大的关系。越是有名气、有热度的创作者，其作品受欢迎的可能性也越大。国内的数字藏品平台都会在藏品页面对创作者、作品、团队、授权方、发行方做简单介绍。用户如果想深入了解，还可以自行查询资料。

国外情况稍有不同，除了要看创作者和团队的知名度，还要看团队配置是否齐全，设计师、工程师、营销人员是必备的人员结构，因为设计师要设计藏品样式，工程师要写合约，营销人员负责项目的推广。另外，项目动机、团队背景、项目经营能力，都是需要考察的。

需要注意的是，有些国外的创始团队并没有公开身份信息，而是匿名发布数字藏品，由于信息不够透明，也在无形中增加了风险。

发行数量，决定藏品稀缺性

发行数量也是评判藏品价值的一个标准，一款藏品质量越高，发行数量越少，就越有稀缺性，收藏价值也就越高。相同条件下的两个数字藏品，一个发行 30 000 件，另一个发行 5000 件，那当然是发行数量少的数字藏品更有收藏价值。

与国内不同的是，国外的数字藏品项目还会增发，比如某个数字藏品项目，第一次发行 10 000 个，过了没多久又会再发行 20 000 个。如果这个项目本身多了很多忠实粉丝，增发的话还有理有据，但如果没有足够多的用户有购买意愿，整个项目再增发，其价值就会大大缩水，用户对平台的信任度也会降低，这也是风险的来源。

是否上链，影响藏品真伪验证

数字藏品是否上链也是重要的评估指标。我们在前面提到过，每一个 NFT 实际上是一个智能合约，每一个数字藏品都会对应一个相应的地址，而且这个合约地址一定写在了区块链上。数字藏品的每次交易或转赠，区块链上也会有显示。

国外的用户只需在公链的主网上输入合约的地址，就能看到这个项目的所有信息。如果查不到任何信息，就说明这个数字藏品还没有上链。另外，有些数字藏品可能被人盗用发在不同的平台上。为了验证真伪，用户同样可以在主网上查询。

注意版权问题，避免引发纠纷

在国内，很多数字藏品其实是将现实中的实体作品数字化后在链上发行，这就要注意版权的完备性。比如，在鲸探上，如果是将画作、文物做成数字藏品，则会特意说明"用户除非得到创作者书面同意，否则无权将数字藏品作为商用"。

如果数字藏品是原创作品，则版权问题比较简单。同时，购买前查看藏品的授权范围，在约定的范围内使用，也会避免不必要的版权纠纷。

选择活跃社群，增加藏品保障

在国外，数字藏品的运营都是通过社群实现的。在社群里，项目发起方会以官方的名义发布消息，包括项目进度、抽奖玩法等。当然社群里不只有项目发起方人员，更多的是对项目感兴趣的用户。

在国内，也有相应的数字藏品社群。如果社群人数较多、比较活跃，相对比较靠谱。对于新成立的社群，如果用户数量在良性增长，这也是一个比较好的信号。

社群的质量也可以通过社群里的人员身份来判断，比如是不是有 KOL、知名数字藏品的早期持有者，以及资深玩家。如果有这样的人物在里面，社群肯定相对优质。

其他：名人参与、应用场景、玩法等

如果一个数字藏品项目有名人参与，无疑会增加这个项目的知名度，相应地数字藏品价值也会提升。

除了有名人参与，数字藏品本身的应用场景也是一个考量因素。两个条件接近的数字藏品，带有附加价值的那个，比如可以作为演唱会门票，购物享有折扣，等等，自然就比较受欢迎。

平台的合成、赋能等玩法，也会影响数字藏品的稀缺性，

比如最后合成的藏品价值肯定比单个藏品价值高，平台赋能的权益也会更吸引用户。

总之，评价一个数字藏品质量如何，需要进行多方面的评估，这里面不仅会掺杂个人的主观因素，还有对各种客观条件的考察。

通过评估细节，挑选优秀藏品

下面，我们借鉴 web 3.0、NFT 倡导者奥斯曼·森哈吉·拉齐（Othmane Senhaji Rhazi）的评估指标，为大家列出了一些具体可考量的标准。

艺术审美

（1）品质：您对藏品的感受如何？

❑ 作品技术：藏品是否使用如 2D 技术、3D 技术或动漫元素？

❑ 美观程度：藏品外观吸引人吗？

❑ 稀缺度：藏品具有什么特点？有多少特点？

❑ 可区别性：藏品特点是否与同类产品有较大区别？

❑ 知名品牌能力：IP 形象是否知名，是否有应用潜力？

（2）版权归属：藏品版权归谁所有？

❑ 创作者？

❑ 持有者？

❑ CCO（公有版权，即不归属任何人或机构）？

社群组成

（1）是否有加分项？

有没有知名人物参与？

（2）社交媒体的人气值如何？

❑ 社交媒体追随者多吗？

❑ 持有者占比？

❑ 社群成员和谐度如何？

❑ 社交媒体分享、关注点赞和评价如何？

（3）真人操作还是机器人操作？

核查社交媒体参与性：关注、点赞、分享情况如何，对活动的反应如何？

（4）用户的真正想法如何？

❑ 是否有很多用户想要持有？

❑ 用户是否在乎藏品价格？

文化传播

（1）年龄层：项目是否受限于一定年龄层的文化？能否引起用户的怀旧情怀？

（2）知名人士和有影响力的人会主动推广这个项目吗？

（3）社交趋势：搜索指数如何？

（4）模因潜力如何？

（5）粉丝们是否有追随趋势？

创始人和团队

（1）布局是否合理？

❑ 关键队伍的业绩、协作如何？

❑ 是否有更好的战略伙伴为该系列产品提升知名度？

（2）整体印象如何？

创始人或关键团队是公开的还是匿名的？

（3）粉丝规模多大？

团队是否有很多粉丝追随？

（4）举办主题活动状况如何？

❑ 团队多长时间与社群互动交流一次？

❑ 团队的加入是否和项目相关？

❑ 团队成员是否经过仔细审核（职业经历、工作方式等）？

❑ 团队是否已经通过收集问题或网络投票等方式升级了社区？

实用程序和路线图情况

（1）项目是否给予用户一定的特权？

❑ 派对和活动（聚会活动、焦点小组、假日主题活动等）？

❑ 战略伙伴关系（与知名品牌、艺术大师合作）？

❑ 独家代理产品（是否拥有产品的某些特权）？

❑ 社交（可以浏览创始人等在社群里发布的内部材料）？

（2）DeFi 机制如何？

❑ 空投（是否赠送数字藏品的衍生产品）？

❑ 质押（是否能在游戏里对数字藏品质押贷款）？

❑ 交易情况如何（在不同交易中心的访问量和成交量）？

（3）路线图是否吸引人？

❑ 综合能力如何（展示性、艺术性、福利等）？

❑ 是否有社群助力（建立 DAO 并给予用户一定权益）？

（4）有无奖赏及权益？

❑ 是否有附赠产品（空投给藏品持有者）？

❑ 是否有社群奖励（查看将要发表的数字藏品等）？

（5）价格如何？

当然，以上内容只是衡量数字藏品的一些细节，具体情况还是根据个人偏好决定，其实从某种程度上来说，除了一些外在因素，选择数字藏品是一件非常主观的事情。另外，由于国内情况和国外情况有所差异，因此，以上标准只是作为综合考虑的要素即可。

把握选购流程及注意事项

由于平台不同、藏品玩法不同，每次购买数字藏品的流程也未必完全一样。比如有的需要通过抽奖获取购买资格，有的需要预约才能抢购，这些只需按照平台的指引操作即可。

目前，大多数平台都是采用抢购模式，一般提前3天左右就会公开藏品正式开售时间。也有公众号专门整理近期各大平台的藏品预售信息，社群里也会有最新的预售藏品单流传。

一般来说，不管在什么平台，享有购买资格的用户购买数字藏品的流程都大同小异。

第一步：实名认证

在所有平台抢购数字藏品的前提都是进行了实名认证。

这一是出于监管合规要求；二是平台对用户资料的真实性进行审核，以建立完善的互联网信用体系；三是为了避免违法行为的出现。

第二步：提前进入购买页面

打开网站或 App 等登录账号，进入藏品购买页面。

第三步：做好准备，开始抢购

有抢购经验的人都了解，一旦到了抢购时间，能做的只有拼手速和网速。

第四步：抢购成功，完成支付

显示下单成功后，要及时完成支付。有些平台的付款时间非常短暂，如果 3 分钟内没有支付，订单就会被取消。

第五步：别忘了捡漏环节

由于某些用户未及时支付或弃购的情况时有发生，因此，很多平台都存在捡漏的机会。有些平台在抢购活动结束 3 分钟内用户就能捡漏，有些需要更长的时间才有捡漏的机会。

另外，如果遇到任何关于购买的问题可以与平台联系，及时解决疑问。

最后，还有几点要提醒广大用户。

（1）去正规平台购买数字藏品。

有些平台为了吸引用户，会通过短信、社群等各种形式，以低投资、高回报的噱头进行宣传，用户要尤为谨慎，以免误入非正规平台。

（2）切勿盲目跟进。

购买数字藏品时要有自己的判断，或是听取专业人士的分析建议，切勿盲目跟进，否则可能给自己带来莫大的损失，尤其是年轻群体对新生事物比较感兴趣，对于炒到高价的数字藏品要量力而为。

（3）不要有贪婪之心。

技术本身并没有好坏之分，关键在于运用技术的人。渴望利用数字藏品一夜暴富的人很容易深陷其中，所以要控制住自己的贪婪之心。

NFT

探索与未来，数字藏品的营销新玩法

第 8 章

三大场景，开启数字藏品营销

数字藏品：品牌营销新思路

数字藏品的走红，不仅在年轻人中掀起了收藏热潮，还为品牌营销提供了新思路。

2022 年的品牌界，几乎所有营销活动都少不了数字藏品的身影。奈雪的茶在继六周年庆之后，推出了"盲盒 + 数字藏品"玩法；伊利在北京冬奥会期间发售"冠军闪耀 2022"数字藏品；路虎、小葵花药业也加入了数字藏品营销的行列……利用数字藏品营销，品牌受益多多，既可以扩大声量、获取流量，又可以提升销量、增加存量。

借助热点，放大声量

利用数字藏品营销，可以吸引用户关注，扩大品牌传播范围。比如，奈雪的茶凭元宇宙和数字藏品屡次出圈，一次次制造话题并冲上热搜。

精准引流、获取流量

数字藏品的玩法众多，利用盲盒、合成、赋能等玩法，可以精准引流，刺激用户参与。比如，奥利奥等品牌利用数字藏品开展的营销活动为其吸引来了新流量，拓展了年轻用户群。

促进转化，提升销量

数字藏品与实体产品绑定、虚实互动，能大大促进产品转化，比如江小白、蒙牛在发行数字藏品时，同时都配合相应的产品销售动作，极大地提升了产品销量。

用户运营，增加存量

利用数字藏品营销，可以吸引新用户、激活老用户。丰富有趣的互动方式，能加深品牌和用户之间的感情，增加用户黏性，促进长效运营。目前很多品牌都已经将数字藏品营销与私域流量运营进行了结合。

品牌 + 数字藏品，传递品牌价值

数字藏品在营销上的运用影响了品牌价值的传递。为此，很多品牌争相发行数字藏品以扩大影响力。那么，品牌 + 数字藏品有哪些玩法呢？又有哪些出色的表现呢？

打造 IP，宣传品牌文化

品牌可以通过发行数字藏品宣传品牌文化，加强与用户的沟通与联系。比如，农夫山泉发行主题为"独特心意，独属于你"的数字藏品。每一个藏品都有唯一的标签，风格清新有趣，无不体现品牌追求天然健康的理念。由于这款数字藏品只发行了 1000 份，对于广大用户来说，收藏价值自然较高。

除了发行这种代表品牌理念的数字藏品，品牌还可以利用数字藏品打造品牌 IP。目前元宇宙概念比较火爆，很多品牌以虚拟 IP 与数字藏品结合的形式塑造品牌力。

虚拟 IP 可以脱离时空限制，融合品牌文化内核，以有温度、有品位的形象和消费者建立连接。因此，很多品牌将虚拟 IP 作为自己在虚拟世界的"数字化身"，扮演导购、客服、代言人、主播等多重角色，加深消费者对品牌的喜爱程度。

作为 2015 年成立的新消费品牌，奈雪的茶面对的目标群体本身就是乐于尝试的年轻人。在品牌营销上，奈雪的茶一直紧跟社会热点，先是在六周年之际推出了虚拟人品牌大使 NAYUKI，而后又以"虚拟 IP + 数字藏品"的形式开展营销活动。

这次活动是根据品牌大使 NAYUKI 形象而创作的数字藏品盲盒，连同隐藏款共 7 款，共发行了 300 份，结果一秒内售罄。而发行的 NAYUKI 形象手办，也在一天内售完。

这次营销活动直接提高了奈雪的茶的社会讨论度，也促进了实体产品的销售。

与知名 IP 联名，创造话题和热度

联名向来都是品牌们搞大动静的惯用招数，一场好的联名活动，不仅能充分整合双方的资源，有效实现破圈，同时还能创造双倍的话题和热度，可以起到"1+1 > 2"的效果。

为了获得更多的流量和影响力，品牌们将联名营销运用到了数字藏品领域。奢侈品品牌 GUCCI 也利用联名活动接二

连三地推出了数字藏品。

其中一款数字藏品，运用了 GUCCI 与潮玩动画公司 SUPERPLASTIC 联合打造的两个虚拟角色。他们一个叫詹基（Janky），另一个叫古吉蒙（Guggimon），分别以美国说唱歌手坎耶·韦斯特（Kanye West）和已故英国摇滚歌手大卫·鲍伊（David Bowie）为原型。这款"SUPPERGUCCI"联名藏品限量首发 10 个，融合了 GUCCI 的经典图案与设计，每个购买数字藏品的人都会获得一个 8 英寸的白色陶瓷雕像。这次发布联名版的数字藏品给 GUCCI 制造了新的话题。

IP 授权，打造产品、扩展影响力

运动品牌李宁在购买无聊猿系列 4102 号作品后，不仅打造了一系列产品，还在线下开设了快闪店，可谓赚足了眼球。

用数字藏品 IP 授权，不仅拓宽了无聊猿的增收渠道，也让李宁轻松获得了一个人气 IP，扩大了品牌影响力。

那么这种利用数字藏品授权 IP 打造产品的方式，与品牌联名有什么不同呢？

（1）李宁无须像传统 IP 授权一样和无聊猿官方耗时洽谈，大大提高了合作效率。

（2）以往 IP 授权都有相应的期限，超过期限就会构成侵权。但是李宁可以将无聊猿作为一个 IP 长期运营，而不是在某些范围内进行短暂合作。

（3）以前 IP 版权方强调形象的整体性，不允许授权的品牌进行更改、拆分，而无聊猿则允许李宁二次创作，甚至拆分。

在这种情况下，李宁可以将自己的品牌、产品，与无聊猿这个 IP 进行长线结合，做好长远的规划，不只是用它开展一次短暂的营销活动，而是利用这个 IP 吸引粉丝进行社群运营和产品延伸。

除了李宁利用无聊猿的授权 IP 打造产品和增强品牌影响力，国内还有很多其他品牌争相采用这一模式。宠物品牌派膳师获得了它宇宙 3 个超进化宠物 IP 的授权，并利用这些 IP 推出合作款猫条。与无聊猿类似，持有它宇宙超进化宠物 IP 的玩家可以完整拥有这一 IP 的商业使用权和销售权。

探索新商业模式，诞生新品牌

数字藏品浪潮席卷全球，国内也诞生了一批数字藏品 IP，打造适合这个时代的商业模式。正如伴随抖音、小红书的崛起出现了一批新消费品牌一样，在 NFT 风口下，数字藏品 IP 也会崛起。

运动潮流品牌 24K 就是伴随着数字藏品兴起的，它也是在数藏中国成长起来的最具影响力的 IP 之一。24K 的团队成员有顶尖绘画高手、CUBA（中国大学生体育协会）前运动员、潮流圈大咖。自 2022 年 3 月 6 日起，24K 在数藏中国相继发行了 Symbol（字符）系列（见图 8-1）、24KS' 系列（见图 8-2）等数字藏品，每次藏品一上线，都会在短短几秒内售罄。

每次发售藏品，24K 都会赋予用户很多权益，比如集齐几款藏品就会收到空投，可以享受线下产品折扣的福利，甚至获得终身白名单、优先购资格。

通过发行数字藏品和相关赋能，24K 宣传了品牌理念，吸引了很多喜欢运动潮玩的用户，再通过用户的不断分享，逐渐积累了超 10 万名粉丝，也建立了很多社群。24K 的粉丝以 Z 世代运动爱好者为主，而且非常有黏性。

图 8-1　24K Symbol（字符）系列数字藏品

图 8-2　24KS' 系列数字藏品

以此为基础，24K 探索出了多种商业模式。比如以 24K 为 IP，延伸出了服装、配饰、艺术品等多种实体产品。在 24K 的小程序商城里，用户可以买到 T 恤、卫衣和包包等极具特色的产品。不仅如此，在 2022 年 4 月 14 日，24K 还在自己的元宇宙空间里，推出了已故篮球巨星科比·布莱恩特纪念画展并邀请各界名人参与，带来了很高的关注度，产生了很大的影响力。

传统的 IP 崛起，可能需要 5 ~ 10 年，而用数字藏品打造 IP，仅仅需要花费三四个月。用数字藏品打造 IP 降低了创业门槛，赋予了新品牌崛起的机会。

CRM+ 数字藏品，强化用户体验

相比以前的数字营销活动，利用数字藏品营销，不仅能宣传品牌，为其带来热度和流量，同时还能嫁接各种玩法，和用户产生有效互动，同时吸引新的用户群体关注，赋予用户更多权益，带来更多优惠，进而沉淀用户，打造私域流量池。因此，将数字藏品与私域流量相结合，是目前众多品牌探索出的有效路径，数字藏品营销最大的作用就是拉新促活、增强用户黏性。

具体是如何操作的呢？

用数字藏品，吸引新人群

目前很多传统品牌面临的最大问题就是品牌老化，通过数字藏品营销，可以有效扩大目标人群。

在拉新方面，比较可行操作方法是通过发行数字藏品在微信、微博、抖音等公域平台制造话题热度，利用互动玩法吸引用户参与，再借助小程序引导用户完成会员注册，最后将用户沉淀在私域流量池里进行运营。

加强粉丝黏性，激活老用户

除了吸引新的用户群体，发行数字藏品也能激活老用户。

如果活动设置的福利或玩法非常吸引人，也会带动老用户参与。

无论新老用户，在购买数字藏品后，都能通过收集、展示数字藏品获得一定的满足感和荣誉感；通过好友间转赠和交换、分享数字藏品，也能产生一定的社交价值。用户利用数字藏品兑换礼品或实体产品，还能增加对品牌的信任度。

用专属权益和福利，促进用户转化和留存

用户之所以会积极购买数字藏品，不只是被藏品本身所吸引，还有看重藏品背后的各种权益和福利。鉴于存在这种情况，品牌在进行数字藏品营销时都会给用户一定力度的优惠。比如，购买数字藏品可以成为品牌会员，进而享受购物优惠、参与新品发售、在特殊节日领取礼品等福利。利用这些福利和权益，品牌不仅能有效促进产品的销售，还能将用户进行相应的转化和留存。

对接会员体系，打造私域流量池

品牌除了在社群或小程序里持续运营留存下来的用户，还可以对接会员体系，维系用户关系。比如利用权益、徽章、礼盒等形式对用户进行分级管理，并赋予他们不同的权益，

提升用户的活跃度。

品牌可以针对不同用户群体，设计发行不同的数字藏品（见表 8-1）。

表 8-1 针对不同用户群体设计发行的数字藏品

用户类型	数字藏品特点	目的及作用
成长型用户	大促节点，多种类型	吸引用户长时间关注，用收藏促转化
高价值用户	与艺术家、博物馆合作	融入更高文化价值，提升品牌形象
忠实用户	定制数字藏品	专属渠道发放，继续加深品牌忠诚度

总之，品牌将购买数字藏品的用户归为"忠实 VIP"，不仅为他们提供物有所值的实体产品，还附赠各种权益和福利活动，从而将其转化为会员，再通过各种运营手段，提高用户黏性，建立长期的关系，让用户与品牌一起成长。

那么在实践中品牌是如何利用数字藏品运营用户的呢？下面以奥利奥为例，我们看它做了哪些有效动作。

奥利奥是屹立百年的饼干品牌，2015 年，为了应对市场变化、摆脱增长困境，奥利奥开始了转型之路。

数字藏品在年轻人中有很高的话题度，因此奥利奥入局数字藏品营销，一是为了强化宣扬品牌精神，二是为了扩展目标人群。奥利奥的营销活动，并不是简单地发行数字藏品后在微博制造话题，而是将其作为了一场持续的、联动的年度大展。

营销节奏

（1）联合周杰伦打造泼墨丹青音乐长卷，同时强势推出水墨画风限定版奥利奥。

（2）推出 5000 份限量数字藏品——永不过期的奥利奥数字饼干，消费者通过奥利奥官方小程序参与互动游戏收集幸运码，可以兑换这款数字藏品。

（3）在杭州开设线下展览，持续宣传水墨画风限定版奥利奥，以及周杰伦新国风大片。

（4）公布中奖名单，并在微博推进开奖前倒计时预热。

具体玩法

用户可以进入奥利奥玩心小宇宙小程序，线上观赏奥利奥天下艺术展，领略国风之美，欣赏可以"吃"的 3D 水墨画。成功注册会员后，用户可以领取一枚幸运码，同时下单购买产品，可获得更多幸运码，但一个用户领取的数量最多不会超过 4 枚。

奥利奥数字水墨长卷《千里江山图》是由 5000 块独一无二的 NFO（NFT OREO）构成的，每一块 NFO 对应一个数字藏品盲盒，用户通过抽取幸运码有机会获得 NFO。有趣的是，粉丝在抽取到限量 NFO 之后，只要点击"扭一扭"开启盲盒，就会在饼干的夹心上出现一幅用户独有的动态水墨画。

通过这场营销活动，奥利奥的微博话题量、销售量、拉新人数得到显著提升。

奥利奥利用这次数字藏品营销活动，不仅在品牌宣传层面获得了收益，更重要的是通过有趣的玩法，实现了拓展目标用户的目的。这些用户直接沉淀在私域小程序和社群里，奥利奥还可以借此打造会员体系，满足用户的个性化需求，和用户持续互动。

销售 + 数字藏品，促进产品联动

在 2022 年的"6·18"购物节上，许多平台加入了数字藏品营销大战。为了带动产品销量的增长，各个平台努力玩出了新花样。

天猫主要采用"实体产品 + 赠送数字藏品"策略。为了获得一份数字藏品，消费者不仅要拼手速，还要多购物。

天猫为了打造更具沉浸感和互动感的消费场景，特意举办"元宇宙专题大秀"，消费者在秀场里就像逛商场一样查看自己喜欢的数字藏品。

京东也不甘示弱，在"6·18"购物节期间也推出了数字藏品主题活动。京东发行的数字藏品涉及传统文化、数字艺术、潮流文化等多个主题，还与多个女装品牌合作，购买指定商品，即送数字藏品。

快手也推出了"磁力引擎红人馆"数字藏品项目，以快手6位头部达人为原型，打造限量版数字藏品。

用数字藏品促进产品销售的策略，不仅可以用在传统节日、周年庆和购物节等重要的节点，而且可以和新品上市、爆款打造相结合。

麦当劳在推出新品时也搭上了数字藏品的快车。2022年7月13日，麦当劳中国推出重磅新品——麦麦咔滋脆鸡腿堡，自当天10点30分起，消费者可以通过麦当劳App、小程序等线上渠道购买这款新品，到店取餐就有机会获得一份"咔滋脆鸡腿堡诞生纪念数字藏品"，这份藏品独一无二，可进行社交展示，是消费者第一次吃麦麦咔滋脆鸡腿堡的永久纪念。

数字藏品＋实体绑定，实现销售额突破

数字藏品和实体绑定，可以促进产品销售，带动销售额增长，是目前品牌用得较多的一种策略。比如我们前面提过

的三只小牛"睡眠自由BOX"数字藏品。用户购买数字藏品，即可得到一箱美颜助眠牛奶。

目前，"数字藏品+实体产品"这种模式已获得了消费者的高度认可。数字藏品带给消费者独有的身份标识，上链保证他对商品的所有权，限量发售又增加了数字藏品的稀缺性，有很高的收藏价值。对于商家而言，这种模式不仅能提升产品的销售额和附加值，同时扩展了品牌的知名度和竞争力。

数字藏品+会员权益，促进产品持续转化

数字藏品+会员权益就是通过发行数字藏品，给予消费者更多优惠，从而促进产品的长线销售。比如用户购买一份三只小牛"睡眠自由BOX"数字藏品可以获得一箱美颜助眠牛奶，购买十份数字藏品的用户还能获得更高权益，升级为专属会员，获得购物折扣、生日礼品、新品尝鲜等永久会员福利。

据咖菲科技统计，用数字藏品促进产品销售的模式，获得的数据非常喜人。

江小白针对40度和52度的两款特别版白酒，限量发行了1000份数字藏品。通过发行数字藏品限定礼盒，取得了很

好的销售成绩，江小白取得了超过日常 16 倍的单日销售额，转化率也比日常销售高出 10 倍。

我们知道，品牌进行营销活动的目的归根结底还是销售转化。随着数字藏品营销的逐渐成熟，产品销售与数字藏品营销绑定将成为一种非常普遍的操作手法。

第 9 章

品牌实战，玩转数字藏品营销

研究市场，制定营销策略

数字藏品和营销的结合，碰撞出了新的火花。但是，目前数字藏品在营销领域的应用还处于早期，很多品牌只是简单参与，并没有将它视为营销战略的一部分。

数字藏品可以直接连接用户、提升用户参与热情，品牌还能传播品牌价值观，打造充满创意的衍生品。因此，我们建议品牌将数字藏品纳入营销规划中，将它的价值发挥到最大。

那么品牌要如何利用数字藏品进行营销呢？与创作者及

文旅机构相比，品牌发行数字藏品又有哪些不一样呢？接下来，我们针对品牌发行数字藏品的流程和注意事项，进行详细的介绍。

对于品牌来说，发行数字藏品更像是一项营销活动，因此在发行数字藏品上，会具有更浓的营销色彩。从流程上说，基本会经历以下六个步骤：制定策略、策划藏品、确定玩法、铸造上链、推广执行、售卖运营。

如果品牌确定了要用数字藏品做营销，第一步要做的就是制定策略。发行数字藏品并不是随便找人画个插画那么简单，而是经过了调研和策划。在制定策略前，要做好以下准备工作。

确定营销目标

对品牌营销而言，发行数字藏品不能局限于打造数字藏品本身，只发挥它的收藏及流通价值，更重要的是如何与品牌相结合，使品牌从中受益。所以，在做数字藏品营销活动前，要明确品牌想利用这次营销活动达到什么目的，再确定明确的目标。

品牌运用数字藏品做营销一般有三大目的。

（1）打造品牌 IP，宣传品牌价值观与愿景。

（2）吸引新用户、激活老用户，打造私域流量池。

（3）促进产品销售，尤其是新品和爆品的销售。

一次营销活动能全部达成以上目标自然最好，不过这种情况往往很难实现，因此，在设定营销目标时可以有所侧重，目标不同会直接影响后续的玩法设计。

除了根据最终导向设定目标，还可以根据现实情况设定更加细分的目标。比如，本次营销活动可能是为了呈现产品的战略规划，发布新产品、预告新技术新概念等；也可能是搭载了品牌的价值观与愿景，延展品牌故事、体现品牌社会责任等；抑或为了拓展并沉淀用户、与用户进行数字化连接、开发新私域，等等。

总之，品牌在做营销之前，最重要的就是根据自身情况确定营销目标。

定位目标人群

除了确定营销目标，品牌还要对目标人群进行定位，因为人群不同可能直接关系到数字藏品的设计思路、互动玩法、落地平台，甚至是销售策略。

如果这次营销活动主要面对的是年轻用户，那么产品策略可能是主打性价比，在玩法上要多游戏、多互动、多运用新技术，在平台和 IP 的选择上都要年轻化。

如果锁定的是高端用户，那么设计的数字藏品就要强艺术性、强稀缺性，而且匹配的服务、平台也要高端，在场景上更要打造 VIP 感。

如果面对的是大众群体，无论是数字藏品还是营销玩法都要接地气，不能脱离现实。

同类品牌调研

在确定发行数字藏品前，还要对当下的竞争环境进行相关的调研。尤其要研究目前对数字藏品应用较为成熟的品类，比如餐饮、运动时尚服饰、文体旅游，等等。然后对同类品牌展开调研，挖掘自身优势、找准差异点。

同样是乳品品牌，伊利在北京冬奥会期间，发行的数字藏品是"冠军闪耀 2022"藏品，侧重在趁北京冬奥会期间宣传品牌正能量；蒙牛发行三只小牛"睡眠自由 BOX"数字藏品，更侧重产品销售和会员拉新。

总之，想利用数字藏品做营销，一定要在确定好营销目标、用户群体后，再设定具体的营销策略。我们知道，营销活动环节繁杂，且参与方众多，如果没有经过前期调研和规划，很难达到预期的效果。

策划藏品，确定表达形式

在确定了前期的目标、人群和市场情况后，接下来就该策划数字藏品了。策划数字藏品时应充分考虑品牌资产、主营业务，以及数字藏品本身的属性。简单来说，策划藏品主要涉及三大方面，一是数字藏品的形态，二是与品牌的关联性，三是与其他品牌联名情况。

确定数字藏品形态

数字藏品的形态可以是图片、音乐、视频，甚至是徽章、门票、游戏装备，等等。根据营销需求，品牌可以尽情发挥创意。比如，汽车品牌宝马用音频的形式将发动机的轰鸣声制作成一款数字藏品。

随着科技的不断进步，低碳环保、可持续发展也越来越受到重视。因此，在未来的某一天，很有可能汽车会全部实现电动化，就连发动机的声音也会消失。这就意味着发动机发出轰鸣声的时代将会结束，为了保留这种声音，宝马特意打造了一款声音数字藏品，创建了一个以发动机声音为特色的"声音博物馆"。

考虑品牌与藏品的关联性

除了确定数字藏品的呈现形态，还要考虑数字藏品与品牌的关联性。这次的数字藏品是要打造孪生产品？还是原生产品？抑或衍生产品？

孪生产品是指在数字世界建立与现实世界中完全一致的产品，本质是打造一个数字版的现实物体"克隆体"。在文博领域，通过数字孪生、3D实景克隆技术，在线上每个文物都能生成一个数字虚拟模型，故宫文创就发行过这类数字藏品。原生产品比较好理解，就是基于新的创意打造的新产品。衍生产品也很常见，大多是基于促销活动打造的周边产品。比如2021年，素有"美国春晚"之称的美国职业橄榄球大联盟年度冠军赛——"超级碗"，就打造了球赛的衍生产品数字藏品门票，并取得了良好的效果。

众所周知，橄榄球是美国的国民运动，"超级碗"向来有着很高的关注度。据统计，全国橄榄球联盟在常规赛季共发售了250 000张数字藏品门票，每张门票都独一无二，拥有不同的设计，球迷们既可收藏，又可以展示和分享。这次数字藏品门票的发行，不仅给球迷们带来了充分的个性化体验，同时在运营和互动上开启了新的模式。由此可见，打造出一款优秀的数字藏品对品牌来说至关重要。

是否选择联名伙伴

我们还要考虑数字藏品的发行，是品牌独立进行，还是和其他品牌联名。因为选择的方式不同，就会有不同的内容设计。假如是独立进行，则只考虑自身需求即可；如果是联名活动，则要融合双方所长，进行联合打造。

常见的数字藏品联名主要有以下三种形式。

（1）品牌+品牌：品牌之间进行跨界合作，目前各大品牌都比较喜欢和潮玩类品牌联名。

比如运动品牌361°和潮流玩具品牌FATKO联名发行数字藏品；奢侈品品牌GUCCI和潮玩动画公司SUPERPLASTIC进行联名，发行数字藏品附赠实体陶瓷雕像。

（2）品牌+艺术家或艺术组织：和艺术家或艺术组织联名，可以借助对方的影响力提升品牌价值，尤其是和数字藏品领域的艺术家或艺术组织合作还能吸引新的用户群体。

比如2022年的儿童节，以纯童装和数字艺术家舒善艺联合打造了一款元宇宙的数字藏品，作为一份专属的礼物献给探索未来和元宇宙的孩子们。

舒善艺身为知名的数字艺术家，曾担任北京冬奥会开幕式数字视觉主创人，在数字创作领域非常有影响力。除了和知名艺术家联名，以纯童装还联合杨梅红艺术文化、A+绘画教室等组织、知名 IP 小黄人及菲力猫，共同为小朋友们承办了探索元宇宙的活动。

（3）品牌 + 非营利组织：有社会责任感的品牌备受年轻用户关注，营造好感度。

2021 年，腾讯与敦煌研究院在"99 公益日"发布了公益数字藏品。这款数字藏品以动画的形式展现，用户在线上就能欣赏到敦煌莫高窟第 156 窟的全景。用户还能为敦煌研究院捐款，为保护传统文化遗产贡献了自己的力量。

总之，数字藏品的形态至关重要，只有设计的内容和形态吸引人，才有可能最大化吸引用户，进而实现营销目标。

确定玩法，全力吸引用户

确定玩法对整个营销活动至关重要，不仅要充分考虑用户体验，还要保证活动有趣、好玩。因此，我们鼓励大家发挥创意，大胆想象，策划的活动越吸引人，就能带动越多的人参与。目前常见的玩法主要有以下几种。

数字藏品 + 盲盒

近年，盲盒玩法备受欢迎。由于盲盒本身带有不确定性，很容易激发人们的好奇心，从而引发抢购热潮。目前盲盒玩法已经被各大领域借鉴，在数字藏品的发行上也不例外。

2022年1月，上海海昌海洋公园就发行了数字藏品盲盒，且分两个阶段进行。第一阶段为线上抢购，共发行数字藏品3000个；第二阶段是线下抢购，每天限量发行数字藏品1000个。游客购买盲盒后，还会获得MR体验机会和虎鲸骑士团荣誉勋章。

数字藏品＋实体兑换

数字藏品具有一个很大的天然优势，就是可以进行实体产品兑换。将数字藏品和实体产品融合在一起的玩法也很常见，蒙牛、江小白等品牌通过数字藏品捆绑实体产品的模式取得了很不错的销售成绩。

与捆绑销售不太一样的是，实体产品兑换的机制多用于线下，由于每一个数字藏品都与一个实体产品相对应，因此一旦兑换实体产品，数字藏品就会被销毁。其中最为典型的案例，就是Unisocks发行的袜子数字藏品。

另外，棒约翰以数字藏品的形式推出了19 840个热保温袋，这些保温袋由2位艺术家设计，有9个不同的款式。用户只需下单购买商品，就能在品牌的App端根据自己的喜好兑换。

数字藏品 + 会员权益

俘获用户最好的办法，除了给他们提供满意的产品，还有附赠各种权益。一般各大品牌都有自己的会员体系，并对不同级别的会员提供相应的权益，我们常见的就是购物优惠、节日礼品，以及新品尝鲜等。

比如，酒类品牌梦之蓝发布了数字藏品，用户购买数字藏品即可获取会员权益，并享有指定商场的大额减免券、洋河基地旅游、免费生日酒等福利。梦之蓝发售的这套数字藏品引发了超过 2 万名用户在线抢购，仅上线 4 分钟就售罄。

数字藏品 + 游戏

数字藏品的营销玩法中可以适当融入互动小游戏，如果游戏通关则可以优先购买藏品。还有一种比较新颖的模式，就是将数字藏品融入游戏之中。

比如在 LV 的创始人路易·威登 200 年诞辰之际，LV 特意打造了一款纪念游戏。玩家通过去世界各地收集 200 只蜡烛的冒险经历，可以全面了解 LV 的品牌发展史。这款游戏画质精良、场景美妙，背景音乐也十分动听。有数据显示，这场游戏 iOS 端应用的累计下载量已超过 50 万次。

如果数字藏品已经准备就绪，且确定好了本次营销活动的玩法，接下来就该找相应的平台铸造发行了。关于具体发行平台及方法我们已经在前面做过详细的介绍，在这里就不再赘述了。

推广执行，做好销售运营

数字藏品的制作发行固然重要，但这并不是营销链路的终点。品牌营销更看重的是最终数据，即利用数字藏品配合营销动作，吸引了多少用户、实现了怎样的销售转化。

虽然推广执行和销售运营属于不同的步骤，但是由于推广执行直接影响后面的销售运营，因此，我们在这里作为一个整体讲解。

那么如何做好数字藏品的营销推广呢？具体涉及三大动作：公寓流量导入、私域流量聚合、完成业务转化。

公域流量导入

数字藏品本身拥有较高的话题度，表达形式也很多元，又能给用户带来很好的体验感，因此非常适合作为一个切入点，在公域流量里做宣传。比如品牌可以邀请代言人进行宣传，也可以利用社交媒体平台、线上直播和 KOL 合作。

比如，奥利奥在发行国风数字藏品前，邀请了周杰伦拍摄宣传视频，并在微博上发起"周杰伦新国风大片"话题，而后又请一些 KOL 联合推广，可谓将关注度拉满。

另外，在数字藏品领域里，本身就有各种社群，品牌也可以联合其他相关目标群体的社群进行预告。除此之外，品牌也可以借助数字藏品平台的力量，甚至还可以专门策划线上活动，在微博、微信、抖音上制造话题，引发网友参与。

私域流量聚合

品牌在微信上大多有自己的私域流量池，不管是在社群、小程序，还是公众号，都可以用来提前预热，及时提高热度。品牌在 App 和官方旗舰店里也可以留出专门的版块用于吸引用户们关注。还是以奥利奥为例，在发行数字藏品前后，它连续几天在官方微博、社群里宣传，并在小程序、官方旗舰店里预留了入口。

品牌在公域流量里的宣传也会带动更多的公域流量涌入私域流量池，这时品牌应提前做好承接准备，尤其是以拉新为目标的营销活动。如果品牌宣传中有设计相关的环节，更应该提前安排好相关工作。

完成业务转化

有了前面的运营推广，最后的关键时刻来了。

大多数品牌都是采用"数字藏品＋实体产品"方式策划营销活动的，因此引来的流量除了会在数字藏品平台购买藏品，还会在电商平台或线下门店完成实体产品的转化。

需要注意的是，品牌不仅要做好相关产品的销售工作，同时要做好流量承接，无论是产品准备不够充分，还是一时涌入的流量过多造成网络瘫痪，都是非常麻烦的问题（见图 9-1）。

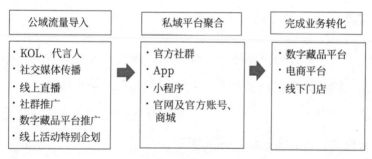

图 9-1 品牌数字藏品营销推广流程

以天猫在"6·18"购物节期间发起的"天猫头号计划"为例，这次活动很好地实现了从公域到私域，再到业务转化的三步配合。"天猫头号计划"是天猫联合 15 个特色品牌，并与 16 型人格购物特点结合，打造的 32 款限定数字藏品头像，每款头像都融合了品牌特色元素。

巴宝莉的数字藏品以经典格纹为背景，猫头戴着巴宝莉眼镜，肩上背着巴宝莉包包，可谓时尚感十足，深受认同品牌理念和审美的消费者欢迎。百事可乐的数字藏品头像，猫头里装有可乐，胳膊上带有百事的品牌标识，胸前则是品牌的英文名称，这种设计自然吸引着酷炫青春的年轻消费者。

这场活动，不仅在各大平台掀起了"换头像"潮流，而且大大促进了各大品牌的销售转化。那么这场活动具体是如何实现的呢？

有趣玩法，激发用户参与热情

为了最大化激活用户，促进用户参与，天猫采取低门槛准入策略，每组提供999个数字藏品供用户免费抽取。在领取数字藏品后，用户不仅可以将它作为自己的淘宝头像，还有机会收到品牌发放的福利券。

借助数字藏品的热潮，以火遍社交平台的16型人格为噱头，新鲜、酷炫限量款数字藏品头像自带稀缺性，还有以"6·18"主题曲《生活就该这么爱》为隐藏款的数字藏品，这场活动极大地激发了用户的参与热情，引发了年轻用户的共鸣。

借力微博、抖音，引爆公域流量

由于活动设置在 6 月 17 ~ 18 日，已接近"6·18"购物节尾声，因此品牌都铆足力气进行最后一波宣传。除了借助数字藏品的热点，用优质内容吸引用户，在微博、抖音等公域平台的宣传也起到了很大的作用。

基于数字藏品自带流量和社交货币的属性，天猫在微博这个热点事件发酵场中制造了用户感兴趣的互动话题，吸引他们积极参与，并引发了他们自发炫耀头像的热潮。

在抖音这个与用户共创内容的平台上，"天猫头号计划"的数字藏品带动了众多 KOL 的创作热情，使藏品在各大圈层持续走热。

利用微信私域，实现传播裂变

除了在微博、抖音等公域平台联合造势，这项营销活动在有私域社交属性的微信上也成了人们关注的热点，晒头像成了朋友圈、对话中的谈资。

就这样，公域、私域共振，各大平台的流量和热度都得到了提升，天猫的限定数字藏品成功出圈，并全面触达各领域的用户，大大提升了他们的参与感和购物热情。

业务转化，轻松实现一键购物

　　面对来自各大平台的热点流量，天猫在站内设置了快速通道，只要消费者通过简单搜索，就能直达"天猫头号计划"专场，这不仅促进了站内搜索量高效回流，还能让消费者直接点击品牌链接，轻松实现一键购物。

第 10 章

下一个阶段：
元宇宙、DAO 及数字藏品

虚拟人、数字藏品与元宇宙营销

我们在前面已经了解过，元宇宙、虚拟人、数字藏品三者密切相关，那么它们三者结合到一起，能碰撞出什么火花呢？又有什么实际应用呢？

其实虚拟人、数字藏品、元宇宙天然符合人、货、场三要素，非常适合品牌做营销。

人：虚拟人

人，是指虚拟人。这里的虚拟人，既可以是品牌自建的虚拟 IP 形象，也可以是虚拟世界里的角色，更可以是第三方打造的虚拟偶像，比如柳夜熙。

品牌找明星代言存在众多风险，而打造自己的具有人格化特色的虚拟 IP 形象，并以代言人、客服等多种角色和用户进行沟通，风险会小很多。比如奈雪的茶，就推出了自己的品牌大使"NAYUKI"；数藏中国为了布局元宇宙，也推出了虚拟人"月小星"（见图 10-1）。

图 10-1　数藏中国推出的虚拟人"月小星"

货：数字藏品

货，是指数字藏品。数字藏品作为一种数字资产，既能充当虚拟世界里的道具，具备收藏和社交价值，又能作为现实世界与虚拟世界之间的"兑换券"。

因此，用数字藏品做营销，不仅可以传递品牌价值，引发圈层共鸣，还能为粉丝会员提供专属权益。

场：元宇宙

场，是指元宇宙。元宇宙为虚拟角色和虚拟资产的存在提供了空间，是在虚拟世界中进行一切活动的舞台。

品牌做营销活动，既可以利用第三方平台搭建的虚拟空间，也可以自建虚拟空间，可口可乐、阿迪达斯都打造了自己的虚拟空间。在这个空间里，可以承载丰富多样的品牌活动，也可以拥有用户资产的所有权。

虚拟人、数字藏品和元宇宙，这三者并不是孤立存在的元素，而是一个有机的整体，需要进行相互配合。

那么元宇宙时代的营销又与传统营销有什么不同呢？

营销更重用户需求

在元宇宙时代，品牌营销更重视用户需求，不再单一强调自我主张，而是能站在用户角度为他考虑。同时，元宇宙营销更加重视用户体验，力求打造一个人人参与、有话语权的去中心化空间。

品牌的表达方式更创新

元宇宙在技术层面赋予了品牌更新的表达方式，品牌营销活动不再局限于手机、电脑屏幕，也不再局限于图文和视频形式，而是更加创新、灵活、贴近用户。

用户有更强的体验感

元宇宙里的活动更加灵活多元，让用户有更强的沉浸感。更重要的是，用户不再单纯地接受品牌方传达的内容，而是全方位参与其中，融入品牌营销，并且成为一部分。

品牌与用户关系更紧密

品牌通过打造虚拟空间，让用户在里面自由创造、进行社交并与品牌建立深厚的情感联系，用户不再是品牌信息的传播者，而是品牌内容的共创者。

目前，元宇宙营销的发展虽然处于早期，但是在餐饮、汽车、电器、服装及奢侈品等领域已有广泛的应用。

服装：阿迪达斯在元宇宙里开演唱会

其实，知名服装品牌阿迪达斯早早就对元宇宙进行了布局。令人惊叹的是，阿迪达斯不仅构建了自己的虚拟空间，而且允许用户在里面打造专属的虚拟身份，并参与虚拟世界里的一切活动。

2022 年 5 月，阿迪达斯与 TMELAND 联手，以虚拟场景作为切入点，两位歌手以他们的虚拟 IP 形象开了一场演唱会。在这次活动里，用户不仅能在小程序上打造自己的虚拟分身，还能以虚拟分身进入演唱会现场，尽情地在里面看演出、社交。除此之外，用户也能跳转小程序进行购物。

餐饮：星巴克打造虚拟第三空间

除了阿迪达斯，2022 年 5 月，星巴克也推出了"数字化的第三空间"，并打造了一系列数字藏品，用户只需购买一款新的数字藏品，就能进入这个虚拟的第三空间。

星巴克曾经以家和办公室之外的第三空间著称，而现在的虚拟第三空间支持交互、访问，并为用户提供了新的休闲之地。

如果将 web 2.0 背景下以门店为第三空间的星巴克，与 web 3.0 背景下以虚拟空间为第三空间的星巴克相比，主要发生了以下变化（见图 10-2）。

图 10-2 星巴克从 web 2.0 到 web 3.0 过程中人、货、场的变化

汽车：小鹏汽车联合元宇宙达人柳夜熙

2022 年 4 月，小鹏汽车联合顶流虚拟偶像柳夜熙拍摄元宇宙大片，并在天猫发布 P7 车型的数字藏品。在影片中，柳夜熙与恶龙斗智斗勇，救出因贪婪陷入幻境中的人，而小鹏汽车作为柳夜熙的座驾，自然展示了其酷炫、充满科技感的性能。

以头部达人柳夜熙为起点，小鹏汽车联合腰部、尾部达人进一步宣传，最终引发了达人探店试驾体验热潮。而后又将话题引至小红书、微博，引发全网讨论。小鹏汽车接着引入数字藏品，通过高互动、低门槛的活动，激活老用户、吸引新用户参与，从而实现了从营销到转化的闭环。

这次活动中，柳夜熙植入的影片播放量超过 8000 万次，

3000 份小鹏 P7 纪念版数字藏品在 42 秒内全部售完。

小鹏汽车将元宇宙设为背景，用虚拟偶像作为情感纽带，并用数字藏品作为话题的切入点，进行了一场既获得声量又收获销量的营销活动，也开辟了新的营销路径。

总之，用虚拟人、数字藏品、元宇宙联合做营销，既贴合当下的热点话题，又能玩出新花样，很容易吸引用户，尤其是年轻用户的参与。

DAO：未来组织与社群的形式

2022 年，除了元宇宙、数字藏品，还有一个很火的概念，就是 DAO。

关于这个名词，我们在前面也多次提到。它源自美国作家奥瑞·布莱福曼所写的一本名为《海星和蜘蛛》的书。在书里，奥瑞·布莱福曼将中心化组织视为蜘蛛，将去中心化组织视为海星。

在他看来，蜘蛛属于中心化的细胞组织，如果头部被切除，它就会死掉。而海星则由无中心化的细胞构成，哪怕是撕下一只触手，只要带有一部分的中央盘，它就能重新长成一只新的海星。蜘蛛和海星可以代表现实中的两种组织，一种是中心化的，另一种是去中心化的。

中心化组织，也就是蜘蛛型组织，在遇到问题和挫折被分解时，因为头脑被切除，则无法正常运转。去中心化组织，也就是海星型组织，即使被分解，也能化为更小的去中心化组织，继续运作下去。

相比而言，海星型组织更能对抗风险，有更强大的生命力。

一个理想的 DAO，是一个自治、开放、交互的社区，它就像是一个不需要董事会，也没有等级制度的公司。关于 DAO 的规则和交易，都被记录在区块链的智能合约里，需要由每个成员共同表决才会形成最后的决策。与传统的组织相比，DAO 组织具有以下特征。

权力分散

DAO 的所有权不属于某个创始人、领导者或投资者，而是属于社区里每个创造价值的人。在这里，每个人都是利益相关方，没有人是唯一的掌控者和决策者。

透明

DAO 是基于区块链的，每个人都能看到 DAO 的资金状况及运作情况，因此更加透明。

自治

在 DAO 里，每个成员都拥有平等的决策权，组织的治理模式和规则都被记录在智能合约里，没有成员投票则不能更改。

匿名

DAO 不需要参与者公开身份，而是以匿名的身份参与，在资金决策和投资方面能更加自由灵活。

DAO 的倡导者认为，这种新型的组织形态将会颠覆传统的公司模式。DAO 不需要单一的领导者控制经营，而是由不同的个体共同参与，在这里没有老板，因为人人都是老板。

一个 DAO 诞生必须基于参与者达成一致的共识。现实中有很多因不同目标形成的 DAO。比如，Uniswap、Lido 是有关加密项目的 DAO，Friends With Benefits 则是基于共同利益组成的强大社区，Pleasr DAO 是基于收藏目的而组建，Bankless 是关于协作生产内容的 DAO。

在数字藏品的众多项目里，我们看到像无聊猿、女性世界等也都建立了自己的社区，这些社区都设想未来成为一个 DAO。为了加强社区的内驱力，获得用户的长期支持，这些社区规定，只要持有一件 NFT，用户就能拥有一定的权益及对项目方和未来行动的治理权。品牌们也紧追其后，纷纷准备为用户打造一个类似 DAO 的去中心化社群。

未来发展，数字藏品平台局势

2022 年 5 月，国内的数字藏品平台已经有五六百家，而到了 7 月，平台数量已经超过了 700 家，接下来很有可能会突破千家。在这种迅猛发展的局势下，或许马上会迎来行业洗牌期，我们不禁发问，数字藏品最终又会走向何方呢？

毋庸置疑，在数字藏品发展的过程中会有新平台持续入场，也会有平台面临转型，甚至有些平台会处于停摆状态，不关闭也不上新，这将是很长一段时间的常态。

对于数字藏品，有的数字藏品将继续火爆，也有的数字藏品则无人问津，这将是难以避免的事实。那么平台应如何提前做好准备应对呢？

的确，关于数字藏品的未来，我们有很多疑问，也有很多设想。

如果不出意外，我们认为行业洗牌之后，可能会有两类平台存活下来，一类是综合性平台，另一类是垂直类平台，两类平台长期共存是未来很有可能出现的局面。

能从激烈的战场上存活下来的平台，一般有以下三种。

（1）用户量较大、有丰富运营经验的平台，例如互联网大厂平台，存活率还是比较高的。

（2）有较强运营能力的平台，虽然这类平台用户体量并不太大，但是擅长运营、创新，也有一定的优势。

（3）垂直类的平台，这种平台在垂直领域深耕多年，有大量资源和相关经验的积累，也有一定的生存能力。

总之，由于数字藏品有一定的特殊性，与传统行业相比，数字藏品平台投入较小，其经营的关键在于获取和维护用户，因此有特定垂直用户群的平台，比如动漫、军事爱好者等较多的平台，也可以获得不错的发展。另外，数字藏品平台也可能以插件的方式与其他业务进行整合，成为各类平台的一个功能模块。

要想获得更为持久的发展，平台在IP端、流量端、流转端都要采取相应的战略。下面我们针对IP端、流量端、流转端，谈一谈具体的策略。

IP端：求精不求多

以前数字藏品平台几乎每天都有新的藏品上线，之后平台发行藏品的频率可能会降下来，估计每周2～3次左右，在发行量上回归常态。

另外，一个大的战略方向是平台应寻求更多优质 IP 资源，并且优中选优。发行方的运营能力和持续赋能的规划能力也是重点考察的方面。

流量端：积极拓展用户

在流量端，平台要积极拓展用户，除了做好市场营销、拉新等活动，还要积极寻找新的流量。一方面，平台要与具有庞大用户群体，并具备宣传能力、拉新能力的项目方合作，发行特色数字藏品，拓宽平台销售渠道。另一方面，平台要激活、回馈老用户，与更多知名品牌合作时，可以将数字藏品作为福利项目，给老用户带来更多的优惠。

流转端：加强疏导

数字藏品一旦缺乏合理的流动性就会出现滞销，这对行业发展很不利。所以，加快数字藏品的流转至关重要，同时也要防止炒作，避免触犯监管红线。

对平台来说，IP、流量和流转始终都是重点关注的三大方面。IP 关乎数字藏品质量，流量决定了用户购买数量，而流转则是让数字藏品流通的关键。在竞争日益加大的今天，平台唯有抓住重点，探索出适合自己的路径，才能持久地生存。

相关术语

不得不知的 NFT 行话

既然要进入 NFT 领域、了解数字藏品，就不得不知道一些行业内的专业名词。下面我们总结了一些国内外比较常见的术语，以供大家参考。

台子

即发布数字藏品的平台，如鲸探、超级百度链、数藏中国等平台，都可以被称为台子。新成立的平台被大家称为新台子。

持仓

在数字藏品平台上，用户所持有的藏品数量及基础价值总和。

破发

目前数字藏品的市场价格，出现了低于最初发行价格的情况。

巨鲸（Whale）

巨鲸并不是指鲸鱼这种动物，而是指数字钱包里拥有大量资金的人，假如一个用户的账户里拥有超过 1000 枚虚拟货币，或持有 200 个无聊猿头像，那他就会被大家视为巨鲸。巨鲸的影响力很大，也有能力推动市场，因此被很多人跟随投资。

钻石手（Diamond hand）

钻石手是 NFT 圈里的流行语之一，它是用来形容那些面对市场波动，不会产生恐惧和急于抛售资产的人，这类人一般有比较高的风险承受能力，也有机会获得较高的报酬。

纸手（Paper hand）

纸手和钻石手的意思完全相反，是指遇到市场波动就轻易抛售资产的人。

个人头像（Profile picture，PFP）

PFP 指用于 Twitter、Discord 等社交平台上的个人头像。另外，10k project 一开始是指以加密朋克为代表的，约 1 万个头像组成的 NFT 项目，目前这一术语被用来指代巨型头像项目，对数量并没有严格要求。

错失恐惧症（Fear of missing out，FOMO）

FOMO 是一种害怕错过的心理情绪。在 NFT 市场上，总有人害怕自己没有参与某个项目，就错过了大赚一笔的机会。但是这样反而更容易被不良平台洗脑，结果做出错误的判断、被诈骗。

生成艺术（Generative art）

生成艺术是一种新型的艺术创作技术，与以前的手绘艺术不同，生成艺术是基于创建者提供的规则，也就是算法，在铸造 NFT 时自动、实时生成的一系列作品。像加密朋克、无聊猿头像，都是利用生成艺术创作的作品。

地板价（Floor price）

地板价是指某一 NFT 项目在市场交易中，买入的最低的价格。抄底就是指在这个项目处于地板价时大量买入的行为。

开箱（Reveal）

这里的开箱，多少带点开盲盒的意味。也就是在购买这个数字藏品前，你根本不知道它具体长什么样子，也不知道什么时候可以打开。是马上打开？还是在藏品售空后打开？或是购买 24 小时后打开？这都是由发售者决定的。

元数据（Metadata）

元数据几乎包含了决定数字藏品的所有必要数据。通俗来讲，数字藏品的外观和属性都是由元数据定义的，有些盲盒只有在更新元数据后，才能看到它开启后的样子。

后　记

　　关于这本书的创作过程，徐全老师在前面有所提及。总之，能出版这本书真是机缘巧合！一方面得益于机械工业出版社编辑的慧眼，另一方面我们组成了一个各有专长的创作团队，再加上出版社老师们的配合，才有了这本《一本书读懂 NFT：数字藏品时代的变革、机遇和实践》的面世！

　　经过多次头脑风暴和夜以继日的创作，我们终于在 7 月底完成了这本书稿！不过由于时间比较紧张，同时 NFT 在国内的发展变幻莫测，本书可能存在一些小小的不足，如果大家发现了任何问题，欢迎和我们联系、探讨！

　　总之，为了尽快给读者呈现一本关于 NFT 的图书，我们已经尽了最大的努力，在这里再次感谢参与本书工作的所有人！

张利英

2022 年 10 月 31 日

大 咖 推 荐

在马斯洛底层需求得到满足后，满足马斯洛高层需求的产品将成为人们的主要消费品，这些产品很多都是满足精神需求的数字产品，数字资产也将成为人们拥有的主要资产。NFT 就是一种数字资产确权的技术。因此，NFT 对于未来的元宇宙经济意义非同凡响。本书深入浅出地介绍了 NFT 的诞生原因、技术原理、商业场景等，是未来元宇宙经济的敲门砖，值得各位关注元宇宙的朋友仔细阅读。

龚才春 | 武汉元宇宙研究院院长

伴随着基于区块链的 NFT 的蓬勃发展，国内的数字藏品也迅速崛起。作为元宇宙和 web 3.0 的重要组成部分，数字藏品尽管在技术、市场和监管等方面有待进一步完善，但是我们更应该关注和思考这个产业的发展方向和未来价值。未来，数字藏品有望促进数字文化的发展繁荣和主流化，并可以赋能艺术创作，扩展文化边界，促进文化产业高质量发展。这本书，让我们看到了数字藏品更多的发展前景和实践应用，非常有启发意义！

于佳宁 | 中国移动通信联合会元宇宙产业委员会
执行主任、火大教育校长

对于国内的 NFT 行业来说，这是一本很及时的书，它用通俗易懂的方式阐释了 NFT 技术，详细叙述了这项技术在数字藏品这一领域下应用的方方面面，覆盖了 NFT 的基础和深入知识，提供了兼具深度与广度的丰富话题，相信无论是有志加入这个领域的新兵，还是已经在行业中的老兵，都能从这本书中获益。

NFT 是一项伟大的技术，也是未来组成元宇宙的重要基础之一，数字藏品只是其技术成熟度曲线上的一个必经阶段。通过阅读这本书，我们可以从数字藏品的角度出发更深入地理解 NFT 的技术本质。本书也能够帮助大家在下一个以元宇宙为代表的时代中走向更广阔的天地。

何亦凡 | 红枣科技 CEO、BSN 发展联盟常务理事

在物理空间不断数字化的进程中，有的对象被简单拟合，有的物种被重新创造。数字藏品的出现，有争议，有追捧，

也有有趣的应用实践。面向未知的元宇宙，时间是检验一切创新的磨刀石。

张一锋 | 分布式数字身份产业联盟联席主席

在未来的数字经济时代，数字藏品会成为企业数字化转型被广泛接受的一种营销手段，并架起连接现实世界资产和数字世界资产的桥梁。数字藏品也是符合未来元宇宙发展的方向之一。

陈晓华 | 中国移动通信联合会区块链专业委员会主任委员、北邮科技园元宇宙产业协同创新中心执行主任

本书从 NFT 的来源、国内外的发展情况、数字藏品带来的新机会以及数字藏品的实践和未来发展方向进行了整体的分析与阐述，有助于我们对数字藏品的过去、现在、未来有一个全面的了解。NFT 是一个新型应用场景，在数字藏品、数字营销、数字游戏、数字社交等多方面改变着我们的生活，NFT 构建起一种新的数字交流方式。在合规合法环境下发展 NFT 将更好地助力 NFT 健康良性地发展。

张小军 | 华为区块链首席战略官

本书从数字藏品的诞生、发展和行业应用到未来在元宇

宙、web 3.0 中扮演的角色定位等方面全方位阐述了数字藏品的内涵和外延，对认识和理解以及从事数字藏品行业的人，具有一定的指导意义和参考价值。

李克登 | 中华国际科学交流基金会区块链智库秘书长

区块链技术已经成为未来数字文化经济的基础设施。依托NFT 技术和数字藏品相关应用，数字文化资产的权益确认与流通找到新的解决方案，数字艺术的价值找到新的发展方向，这对元宇宙产业的发展具有里程碑式的意义。当前还只是数字文化经济的起点，如何通过制定标准化运作体系实现数字藏品的实用价值，如何在流通场景中保护权利人和消费者权益的同时形成行业价值共识等，都是值得共同探讨的问题。

郝汉 | 安妮股份 CTO、前海版权创新发展研究院院长

着眼当下和未来，数字藏品作为元宇宙和数字化时代的重要组成部分，无疑是发展数字文化、构建数字身份和数字秩序的关键要素。因此，加强政策指导引领，健全监督管理机制，积极探索合规建设才是行业持续发展的必由之路。

在这机遇与挑战并存的时代，我们看到，王鹏飞先生率领数藏中国积极顺应数字技术和数字经济的快速发展，响应国家法律规范要求，杜绝违法违规行为，探索行业合规发展，为数字藏品行业持续进步做出了应有的贡献。在此，我们也期待王鹏飞先生继续发挥示范引领作用，创新经验、反哺桑梓，让数字藏品合规之风吹遍神州大地，共同拥抱更为广阔的元宇宙世界！

范德月｜中国收藏家协会法律事务部主任、

金融文化收藏委员会会长

NFT技术的出现大大推动了元宇宙发展的进程。数字藏品将具有收藏价值的NFT率先带入公众视野。数字藏品的热潮必然带动社会资源向元宇宙产业集中，中国特色的元宇宙或将引领全球元宇宙产业的发展。

林天庭｜数藏中国合伙人

作为中关村示范区的连续创业者，王鹏飞在互联网领域一路披荆斩棘，不仅创办了中国移动互联网领域最大的手机社交网站天下网，还率领灵动快拍成为中国二维码行业领军企业，后来在区块链领域研发溯源链，可谓耕耘不辍。站在科技发展的前沿，王鹏飞布局数字藏品领域，创办数藏中国并高歌猛进，成为新时代的弄潮儿。恰逢本书出版之际，祝愿鹏飞不负时代，再创辉煌！

马文良｜《中关村》杂志总编辑

　　数藏中国是中国领先的合规数字藏品平台，引领数字藏品行业的发展，促进中华民族传统文化通过数字藏品赋能实体经济。

张迅诚 | 长城数艺创始人、长城书画院秘书长

　　NFT 作为近两年最为火爆的科技概念之一，为我们打造了一个极具未来感的数字化想象空间，作为基于区块链诞生的新兴产物，在登陆国内后开始野蛮生长。无论是对于企业还是个人，数字藏品蕴含着无限的开发潜力。普通人如果想要涉足这个领域，就必须对这个行业具备一定的认知，避免盲目跟风，随波逐流。

　　本书就是这样一本能快速了解数字藏品行业的图书。全书不仅较为系统地讲解了 NFT 的基本概念，解读了国内外政策、国内外发展差异，还阐述了行业实际应用、风险评估等，内容丰富且行文通俗，对新手读者十分友好。本书用独到的眼光深刻剖析了 NFT 的发展前景和营销方向，对读者大有启迪！

自媒体大 V | 画小二

　　2003 年中国进入 2.5G 时代，2004 年鹏飞创立手机社交网站天下网，我也和朋友创业做手机上网的博客，那个时候

我们就认识了。在终端和网络都有限的情况下，他前瞻性地看到了手机上网的未来，拥抱新技术带来的变化。在成功卖掉天下网后，基于新技术的思考，2010 年鹏飞再次创业做基于二维码的快拍服务，并于 2015 年成功挂牌新三板。

在区块链技术出现后，鹏飞就开始研究相关产品服务，并决定拥抱区块链这种颠覆性技术。再次创业，他创立了基于 NFT 的中国特色的数字藏品平台数藏中国，致力于打造元宇宙数字资产交易平台服务；在这个项目上，作为多年的朋友，以及我对区块链的认知和对鹏飞的信任，我也投资了数藏中国这个平台，相信他一定会比以前做得更好，取得更大的成功。现在他写的这本书，既有前瞻性的思考，也有成功实践的总结，相信会给行业和社会带来很多益处。

文力 | 天使投资人

参 考 文 献

[1] FORTNOW M，TERRY Q. The NFT handbook: how to create, sell and buy non-fungible tokens [M]. New Jersey：Wiley，2021.

[2] MARTIN M. NFT for beginners: the simple guide for understand non-fungible tokens and economically exploit the new digital El Dorado. Learn how to monetize them like bitcoin [M]. Independently published，2021.

[3] 成素罗，胡佛，麦克劳林 . NFT 大未来：理解非同质化货币的第一本书！概念、应用、交易与制作的全方位指南 [M]. 黄莞婷，李于珊，宋佩芬，等译 . 台北：高宝出版社，2022.

[4] 刘呈颢 . NFT 实战胜经：刘呈颢教你用 NFT 创造财富的 10 种方法 [M]. 新北：野人出版社，2022.